现代包装设计

理念变革
与创新设计

◎张红辉 著

中国纺织出版社有限公司

内 容 提 要

创新是设计发展的动力，也是设计过程的主导，艺术创作就是要把商品形象所传达的情感转化为视觉美感，因为只有思想内容与艺术形式的结合，才能使包装设计作品成为有感染力的"艺术品"。随着理念的转变和创造手法的变化，对于包装设计艺术新形式的探索，应是现代包装设计艺术的一个重要课题。

本书以包装设计的创新为主题，在对包装设计原理进行分析的基础上，围绕包装设计理念的革新、包装设计材料的创新和具体包装手法的创新展开。本书立意新颖、结构合理，是一本值得学习研究的著作。

图书在版编目（CIP）数据

现代包装设计理念变革与创新设计 / 张红辉著 . -- 北京：中国纺织出版社有限公司，2019.10（2022.8 重印）
ISBN 978-7-5180-6531-8

Ⅰ. ①现… Ⅱ. ①张… Ⅲ. ①包装设计—研究 Ⅳ.
① TB482

中国版本图书馆 CIP 数据核字（2019）第 179421 号

责任编辑：谢冰雁　　　　责任校对：楼旭红
责任设计：邱　玲　　　　责任印制：王艳丽

中国纺织出版社有限公司出版发行
地址：北京市朝阳区百子湾东里 A407 号楼　邮政编码：100124
销售电话：010 － 67004422　传真：010 － 87155801
http://www.c-textilep.com
中国纺织出版社天猫旗舰店
官方微博 http://weibo.com/2119887771
佳兴达印刷（天津）有限公司印刷　各地新华书店经销
2019 年 10 月第 1 版　2022 年 8 月第 2 次印刷
开本：787×1092　1/16　印张：13
字数：191 千字　定价：69.00 元

凡购本书，如有缺页、倒页、脱页，由本社图书营销中心调换

前　言

　　设计作为一种人类的思维活动，除了受制于思维本身和赖以存在与体现的载体，还与其根植的社会经济环境密切相关。我们知道，在人类社会的发展进程中，包装技术是不断演进的，各种包装材料是不断拓展的，人们的需要和追求也在不断改变，因此，对包装设计的理解，应该置于一定的时代背景下。传统包装以保护商品安全流通、方便储运为主，而现代包装的主要内容则是美化商品，依靠包装推销商品，完成无声推销员的作用，并成为企业品牌战略的重要组成部分。这实际上是包装从满足对物质的保护与储运功能要求的基本阶段，发展过渡到包装的审美文化与方便功能为一体的高级阶段。在步入经济全球化的今天，包装设计也将日趋国际化、市场化、个性化。本书以此为出发点，对包装设计所涉及的造型、材料、视觉体验进行阐述，探讨了包装设计的创新路径，具有一定的学术价值和现实意义。

　　本专著加上绪论一共有七章，在绪论中，笔者对包装产业发展的新理念与新定位进行了阐述，对新时期我国包装产业的机遇与发展策略进行了分析；第一章从概念、目的、功能与价值四个方面对包装进行解释，并回顾了包装设计的历史进程和发展演变；第二章从新理念的角度出发，分别从可持续发展、人性化、民族化、交互式设计以及概念设计这五个方面对新理念引导下的现代包装设计进行详细描写；第三章从造型和材料两个角度入手，阐述了包装容器及其造型设计、纸包装的结构设计以及包装设计的材质与选用原则；第四章分别从现代包装设计的视觉要素与表现、现代包装设计的形式美法则、系列化包装设计的视觉优势三个方面探讨了现代包装设计的要素与形式美；第五章立足当下，展望未来，分析了包装设计创新的原动力，阐述了包装创新设计的视角与思维，对包装创新设计的路径分析进行了探索和思考；第六章笔者列举了几个典型的优秀包装设计案例，便于读者更加深入地了解包装设计。第五章和第六章是本书的重点篇章，对包装设计的研究更为深入和具体。

　　本书对包装设计的起源和发展进行了系统性阐述，并在有针对性地对不同类别的包装设计进行论述的同时，还结合了包装设计所涉及的材料、造型特征和视觉效果等要素加以探讨，这样的结构安排也符合读者的阅读习惯和思维。此外，本书还对包装设计的创意思维进行了阐述，对包装设计的创新路径进行思考和研究，升华了全书的主题。

本书角度新颖，内容翔实，笔者虽力求尽善尽美，但限于时间仓促，难免有错误和疏漏的地方，还望读者谅解和各专家学者指教。

张红辉

2019 年 7 月

目 录
CONTENTS

绪论　包装产业发展的新理念与新定位

一、包装产业发展的新取向

包装产业是社会经济的重要组成部分，宏观经济与社会发展的趋势都能通过包装产业得到反映。从世界包装产业目前的发展趋势可以看出，后金融危机时期，欧美发达国家在包装国际市场所占份额正在不断下降，而发展中国家特别是新兴经济体的占比正在逐年上升。随着世界各国应对金融危机采取的各种举措，包装产业发展出现了一些新变化，呈现出许多新特征。

（一）外国包装产业发展的新取向

发达国家的包装产业一直都是世界包装产业的领军者，20世纪80～90年代，欧美国家经历了第一次产业转型，现在正值第二次转型的关键时期。他们不断修正与完善包装产业的行业规定与技术标准，研究与开发新的包装材料，对包装制品的生产过程、经营管理进行智能化控制，创新检测设备与技术，加强包装制品的品质，始终把消费者的安全放在首要位置，确保产品包装不断进步。与此同时，欧美发达国家以政府支持、专利交易等多种方式，将重点领域的创新成果引入包装产业，强劲推动包装新材料与高端装备的研发，并运用各种手段加强技术封锁，牢牢把控着世界包装产业转型发展所需的新材料、新装备、新技术和市场准入的命脉，防止发展中国家与新兴经济体的技术追赶与超越，牵制其整体包装产业的发展，牢固掌握对包装国际市场话语权的垄断，继续领跑全球包装产业。

在包装产业转型发展方面，欧美虽然略有差异，但基本方式趋同，在总体动向上主要有四个共同点。

1. 全面发展的绿色包装制度体系

在包装产业的转型发展中，发达国家十分重视绿色包装。在包装设计中，产业必须使用符合规定指标的材料，并且要严格表明材料的来源、属性与规格，要设置绿色标识与二维码，方便消费者获取产品信息。在一些具体包装制品中，必须准确注明材料的使用量和减量指标，要从源头上执行绿色标准，杜绝资源浪费的现象。此外，还制定了相关法律条例对过度包装的企业进行制裁和惩罚，对严重不达标的产业予以重罚。改革运输包装的运输方式，大力推行可多次复用的托盘式包装，尽可能节约运输包装制品的材料使用量，建立、完善并严格实施包装物分级回收制度体系。欧美各国都明确规定包装生产商—分销商—商场—消费者使用后的包装品分级回收体系的循环利用指标，明确回收责任主体与循环再利用比重，促进包装废弃物的资源再利用。

2. 快速发展的智能包装技术

随着科学技术的发展和信息化的不断推进，世界各国尤其是发达国家利用智能化技术不断促进产业的转型发展，为包装产业提供了强有力的技术支撑，比如美国、德国等发达国家都把数字产业和智能技术作为包装产业的重点发展方向。就包装产业来说，通过以智能机器人为代表的包装装备，加快无人车间、无人工厂的发展，实现产品生产制造过程的自动化；通过智能包装技术打通和联结产品生命全周期，实现包装产品的设计、采购、运输、管理、品控等一体化集成服务；通过应用新一代信息技术，大力发展智能标签、智能容器、智能产品等，实现产品包装的定位跟踪、轨迹记录、定时提醒和安全警示等，已成为包装产业提升智能化水平的重要技术方向。

3. 制定严格的安全包装标准要求

欧美的法制体系十分完备，在包装产业中也不例外。发达国家制定了严格的安全包装标准要求，包括包装的材料、生产过程与制品等。比如相关条例明确规定包装上的信息要真实而准确地反映商品，绝对不能存在任何对人体健康，特别是老人和孩子的安全造成威胁的材料，否则将被禁止进入市场，并得到相应的制裁与处罚。包装材料所含有害物质（气体和放射元素）必须低于允许值；纸包装箱不能使用尖锐的钉针，外角必须形成一定曲度；大型塑料包装袋必须开设透气孔；对饮料容器尤其是啤酒瓶和汽水瓶，都必须进行内压力测试，以防止瓶体爆炸造成危害等。任何包装材料，都必须符合克重、厚度、强度、密度、封闭性、透明度、防潮性、脆值、寿命周期、耐腐蚀性等多种技术参数要求。不管是哪种类型的包装产品，在进入市场流通前，都必须接受严格的质量检测和安全检查。

4. 严格把控进口商品包装

发达国家的很多商品是从发展中国家进口的，为了满足人们的需要、促进经济的增长，很多发达国家会针对发展中国家不同的经济水平而制定相应的进口标准。但近年来，发达国家对国外的包装产品的要求越来越高，对进口的产品进行严格的质量与技术检测，对不符合规格的产品进行严厉的制裁处罚，包括禁止产品上架、课以重税和巨额罚款、责令输出地限期召回产品、超过召回期限的按日累进计收储存费与环境污染费，以此建立一道无形的贸易壁垒，牢牢占据包装产业链和包装国际市场的高端地位，始终掌握世界包装产业的话语权。

（二）我国包装产业发展的新动向

1. 提高自主创新能力

创新是第一动力，但长期以来，我国的包装产业面临着创新能力不足的问题，导致该产业的发展停滞不前。要想包装产业取得突破性的进展，就必须提高自主创新能力，运用先进的科学技术，提高技术创新、生产创新、管理创新等创新水平。包装产业要主动与科研院校进行合作，建立科研创新团队，培养具有创新能力的人才，主动借鉴国外的包装设计，但切忌照搬照抄；要鼓励并支持包装企业与产业上下游的相关产业开展广泛的科研协作，加强联合攻关与协同创新关系，打破相互间的技术壁垒，结成紧密的利益共同体；要大力支持包装中小企业走科技兴企、科技兴产道路，积极参与各级地方政府对高新技术企业的评审认定工作，促进企业严格按照评审认定标准不断补齐短板，提升自主创新的能力与水平，大幅增强我国包装企业的核心竞争力。

2. 促进绿色生态发展

自然生态是人类赖以生存的环境，但目前很多产业对环境都造成了一定的影响，对自然的破坏、对资源无节制的开采威胁着人类的生存。包装产业作为我国经济社会的重要组成部分，必须实现绿色生态的发展。首先，要着眼于包装产业的绿色转型，建立包装绿色化指标体系，开展绿色标识与绿色认证，严格按照绿色指标体系加强检测监管，并建立包装材料与制品市场准入绿色门槛，对不达标者关上市场的大门，如以不合法手段流入市场者要严令其召回，并给予相应的经济处罚和行政处罚。其次，要严格把好包装设计、生产、流通、回收等各个环节的绿色关，建立并全面推行绿色设计规划、清洁生产制度、产品召回制度、包装分级回收体系，加大回收包装循环利用技术研发，在包装减量化与回收再利用方面逐步甚至超越欧美发达国家水平，并通过改进和创新工艺流程，全面降低包装制造中的能源消耗，减少"三废"排放，最终构建起覆盖包装全生命周期的绿色化体系。

3. 推进三化协调发展

要适应世界经济和我国产业经济发展大势，摆脱我国包装产业数字化、信息化、智能化程度偏低和人力成本高的困局，就必须主动对接《中国制造2025》，主动引入数字产业，改造和提升生产经营模式，建立全覆盖的信息化生产、经营、管理体系，加大对装备、车间、办公室、配送场地的更新改造，尽快全面提升包装产业数字化、信息化、智能化水平。要着重抓好规模以上包装企业的智能提升，采用明确目标任务、强化检查监督、建立奖惩机制、严格市场准入等多种手段，倒逼规模以上企业完成数字化、信息化、智能化改造提升工程，在取得成功的基础上，在中小微型包装企业中全面铺开，力争到2020年底，包装产业数字化、信息化、智能化水平达到55%以上。

4. 提升包装产品质量

消费者的安全永远是产业发展的第一位，所以包装产业要十分重视包装的质量问题，严格把好质量关，使每一件产品都符合质量要求，对民生安全负责。首先，包装产业要推进供给侧结构性改革，进行严格的产品技术检测，利用先进的检测技术与设备把控每一个环节的质量问题。其次，要不断修正和完善包装产业的技术标准，严格执行包装规则，并逐步使我国包装技术标准体系与国际标准对接，最终超过国际标准水平，成为国际技术标准的参考体系。最后，要利用先进技术促进包装产业的发展，提升包装的质量，建立独立的品牌体系，要鼓励并扶持包装企业推进品牌培育工程，通过创新与质量检测培育一批产品、技术、企业品牌，通过品牌培育强化包装安全意识，提高我国包装的国际声誉与市场占有率，真正实现包装强国建设目标。

5. 跻身国际高端市场

我国的包装产业要进行转型发展，必须立足于其服务型制造业的属性，加强与其他产业的协调合作，在商品信息、产品安全、包装材料、个性化制作等各方面提供优质服务，重视消费者的反馈，促进包装产业的转型发展。此外，要助推包装产业占据全球包装产业链和包装产业价值链高端，通过包装制品的品质提升与优质包装产业服务，积极进军国际包装高端市场，努力跻身国际包装市场规则制定的体系。

世界经济的发展具有一定的规律，也存在着不稳定性与复杂性，但从已有的经验表明，不管是什么危机，总能找到解决办法和发展的策略，让经济始终有规律地发展。对于刚刚解决了全球经济危机的国家来说，实施创新驱动发展战略的转型之路是促进各国经济又好又快发展的必然选择。包装产业作为我国国民经济的重要组成部分，也必然要顺应经济社会发展的大趋势，通过转型发展走出困境、寻求出路。

二、五大发展理念及其要求下的包装产业理念调适

五大发展理念是我国改革开放以来发展经验的集中体现，是党在新的时代背景下对我国发展方式、发展思路和发展着力点的新认识和新选择，也是全面建设小康社会重要目标的行动指南和实现"两个一百年"奋斗目标的思想指引。[1]

五大发展理念包括：创新、协调、绿色、开放、共享。五大发展理念立足全球视野和长远需求，深刻揭示了我国全面建成小康社会的动力源泉、内在要求、必由之路、出发点和落脚点，是新常态下指导我国经济社会各行各业发展的强大思想武器。基于五大发展理念，我国包装产业要进行以下几个方面的理念调适，以此适应国际包装市场的发展。

（一）立足自主创新，提升包装技术

改革开放以来，我国的包装产业取得了巨大的进步，为我国经济发展作出了重大的贡献。但是，就主要产品、关键技术和制造装备这几个方面来看，我国的包装产业还是依赖于进口，对国外先进技术与方法进行模仿，甚至是照搬；产业的主要利润都来源于廉价的劳动力，显然不利于我国包装产业的发展；再加上发达国家对进口的要求越来越高，同时自身也重归制造业，还有其他发展中国家包装产业的崛起以及各种生产要素成本的提高，我国包装产业已经逐渐受到威胁。面对这些问题，原有的发展模式已经不能适应当前包装产业的发展。所以，我国的包装产业必须坚持创新驱动，促进产业的转型发展，在创新中找出路、提品质、增效益、铸品牌，依靠创新形成竞争优势。其中最重要的是，包装产业的发展离

---

[1]　任理轩. 关系我国发展全局的一场深刻变革——深入学习贯彻习近平同志关于"五大发展理念"的重要论述 [N]. 人民日报，2015-11-4（07）.

不开科技创新，科技创新能够促进技术发展、提升产业的层级，从而增强包装产业的竞争力。一方面，包装企业在进行科技创新时，要不断深化生产经营，打造具有独特优势与竞争力的品牌，完善服务体系，增强企业抗风险的能力。另一方面，企业要不断优化产品结构，提升产品质量，抢占国际高端市场。此外，企业要依靠科学技术进行智能化、科学化的管理，降低运营成本，提高经济收益。

（二）立足协调发展，构建生态产业

构建良好的包装产业生态，关键在于处理好包装产业与其他制造业的关系、包装产业与生态环境的关系、包装产业地区分布之间的关系、产业内部上下游产业的关系、包装企业与科研机构之间的关系以及包装企业内部规模、质量与效益之间的关系。只有处理好这些关系，才能实现包装产业的生态发展。"协调"是处理包装产业与其他产业的重要手段，重点是要把控好包装产业与制造业、包装上下游产业、军用包装与民用包装、包装企业与科研院所以及包装各子行业之间的协调发展机制，通过补短板、强整体、破制约，增强发展的平衡性、包容性和可持续性，促进各区域、各领域、各环节协同配合和均衡发展。

1. 坚持市场导向的协调发展

要坚持包装的供给侧结构性改革，以市场需求为导向，不断调整包装产业的发展模式与结构，合理调节包装产业的搭配比例，创新经营服务模式，科学分配发展要素，不断提升包装产品的质量，增强对市场的有效供给，坚持以市场为导向的协调发展。

2. 坚持全球视野的协调发展

世界就是一个地球村，各国、各行各业都处于这个地球村中，彼此的交流与联系也日益密切。包装企业要以全球的、发展的眼光来看待该产业，要主动融入全球经济发展，积极学习其他国家先进的包装技术，明确自身的发展路径，规划并实施对世界包装强国技术、质量与标准的赶超路线，保障我国包装产业的可持续协调发展。

3. 坚持区域合理布局的协调发展

包装企业要根据区域经济发展原则，结合各区的实际经济情况进行合理布局，促进包装产业的有秩序、高水平、高质量的发展。要制定并实施产业转移与承接的制度规范，严禁落后产能转移，保证包装产业区域布局比重与质量的协调

合理。

4. 坚持产业链关系的协调发展

包装企业要积极借鉴国外包装的建设标准，对我国的包装产业查漏补缺，大力发展自身优势，避开不利的因素。针对不同的问题寻找有效的解决办法，逐步完善我国的包装产业链，寻找发展主动权，把握发展动向，全面推进包装产业的协调发展。

（三）立足绿色转型，实现可持续发展

绿色发展是当前各个产业的追求，是经济实现可持续发展的重要保障。我国包装产业虽然是服务型制造业，但在我国经济社会中占据着十分重要的位置，对我国的经济发展具有重要的促进作用。近年来，我国包装产业持续增长，但由于技术、设备等原因，对资源和材料的利用不到位，造成了很大的浪费，另外包装废弃物长期以来没有引起足够的重视和治理，回收利用率还比较低，给自然生态环境带来了很大的负担。因此，对包装产业来说，反对过度包装、倡导绿色包装已经刻不容缓，要通过向绿色转型来实现产业的可持续发展。

1. 要牢固树立人与自然和谐共生的发展理念

包装企业要清楚地认识到自然资源是有限的，生态环境的承受能力也是有限的，大自然一旦遭到破坏将很难恢复。所以，企业不能无休止地开采资源，要合理利用资源，与自然和谐相处，将企业的发展与生态环境紧密联系在一起。

2. 要着力构建包装产业绿色发展价值链

主动融入全国生态补偿，碳交易与排污权交易体系，形成节能减排与资源利用效率的倒逼机制，逐步构建设计、材料、制备、销售等各个环节的绿色价值生成要素，建立较为科学完整的包装产业绿色发展价值链，打造包装产品生命周期的绿色价值体系来引导包装产业的绿色发展。

3. 要不断完善包装产业绿色发展制度体系

要按照包装产业绿色转型的要求，尽快制定并实施相关的法律法规等制度规范，引导并约束包装产业的绿色发展。首先，要对包装产业严格设限，企业必须遵循绿色指标进行生产。其次，要制定严格的市场准入规则，禁止不符合绿色标准的包装产品进入流通，从而规范企业的生产。再次，相应的监管部门要对包装产品进行不定时抽查，定期评估，公布检查结果。最后，要建立并严格实施包装企业、包装产品的绿色认证制度，符合认证要求的企业与制品可授权采用绿色标识和二维码绿色信息。同时，根据专业评估结果，强化整改与退出机制。

4. 要持续推行绿色包装技术协同创新

要对绿色包装进行创新，加大科学技术在绿色材料、清洁能源、适度包装、循环利用等方面的作用；要鼓励并支持包装企业与相关产业、科研院所高校形成战略联盟，积极开展绿色包装技术的协同创新；要紧密跟踪世界包装的先进技术，实施绿色包装技术创新的重大专项，组织多方科研力量协同创新、协作攻关，着力提高我国绿色包装技术水平。

（四）立足全面开放，拓展产业空间

经济全球化的浪潮已经席卷全球，成为经济发展不可逆转的趋势。改革开放以后，我国不断扩大对外开放程度，积极融入经济全球化潮流，促进了我国经济的发展。世界金融危机后，我国一直稳居世界贸易第二大国和外贸出口第一大国的宝座。在我国每年巨额的贸易出口中，包装产业做出了突出的贡献。但要明白的是，我国包装产业的开放发展长期处于被动的位置，范围小、层次低，出口的渠道也比较单一，进口贸易则相对较为丰富，包装材料、包装装备、包装技术和进口商品包装制品成为我国引进的重点。随着我国对外开发的不断扩大，与世界各国的经济往来越来越密切，包装产业更要积极适应全球化的潮流，顺应发展趋势，把握难得的发展机遇，开拓国际高端市场，积极作为，主动出击，努力拓展开放发展范畴，不断开创新局面，迈上新台阶。

（五）立足共建共享，增强社会贡献

进入 21 世纪，经济社会兴起了一种新的发展形态 —— 共享发展。共享发展是在保障自身发展质量的前提下，将技术、资源、信息等进行开放分享，从而实现全社会、全人类的共同进步。在中共中央的指导下，国家"十三五"发展规划正式确立了将"共享"作为全国经济社会五大发展理念之一，要求各行各业在科学技术日趋成熟的前提下，打破以往的垄断局面，实现全方位的共享，从而促进经济发展和社会和谐。在共享的理念下，包装产业不仅要坚定不移地实现产业内部的共享，还要立足于广大人民群众的利益，将发展成果与全体人民共享，加大企业的社会贡献。

三、新时期我国包装产业的机遇与发展策略

（一）新时期我国包装产业的发展机遇

1. 不断提升的战略地位

包装产业作为一种服务型制造业，在经济社会发展中具有至关重要的作用，与人们的生活也密切相关。包装产业的重要定位，表明了其对国民经济的重要价值，其战略地位也不断地得到提升。首先，改革开放以后，我国的包装产业从诞生至今，已经得到迅速的发展，形成了相对完善的发展体系，包括设计、生产、检测、回收利用等各个方面。随着科学技术的发展，包装材料、设备和艺术工艺也得以不断地创新、利用和提升。包装产业在服务国家战略、适应民生需求、建设制造强国、推动经济发展中做出了重要贡献。其次，作为服务型制造业，包装产业具有十分鲜明的配套属性和服务属性。一方面，包装产业在整个产业链中，主要是为上游的生产领域或下游的流通、消费领域提供产品包装服务，以满足产品生产、流通、消费过程中对包装的需要，实现包装的保护、便利和销售等功能。包装产业的这种属性，体现了包装产业的服务性。包装产业在为其他产业和消费者服务的过程中实现自身的功能和价值，并提高配套商品的附加值。另一方面，包装产业又属于制造业，是我国制造业的重要组成部分。我国的包装产业虽然有了明显的进步，但与世界包装强国相比，还存在着许多不足之处，比如创新能力低、质量有待提高等方面，这些问题为我国的包装转型之路带来了一定的压力。包装产业的服务性特点，使其在人们的日常生活和经济社会中都扮演着至关重要的角色。

2. 不断优化的发展环境

发展环境主要包括三个方面：经济环境、法治环境和技术环境。

第一，经济环境的优化。新时期，国际经济政治形势发生了新的变化，也给我国的经济发展带来了新的机遇和挑战。中央统筹推进"五位一体"总体布局和协调推进"四个全面"战略布局，全面做好稳增长、促改革、调结构、惠民生、防风险等各项工作，为保持我国经济平稳健康发展和社会和谐稳定创造了良好的条件，也进一步优化了促进我国包装产业转型发展的宏观经济环境。一是坚持稳中求进的工作总基调，为经济筑底创造条件；二是把供给侧结构性改革作为当前

我国经济工作的主线，增强改革的系统性和协同性；三是大力振兴实体经济，培育壮大新动能；四是多措并举，扎实推进"一带一路"建设，进一步扩大对外开放。

第二，法治环境的优化。法治环境的完善能够为经济的发展带来一定的保障，为了促进经济安全稳定地发展，党和国家不断地推进法制市场经济的进程，为经济的公平可持续发展提供法律保障。一是加快法律体系建设，用法律手段保障资本运行；二是坚持依法行政，推进政府职能转变。国家利用法制手段完善经济发展环境，能够降低产业的生产成本，提高产品质量，增加企业的经济效益，也为我国包装产业的转型发展提供了良好的法治环境条件。

第三，技术环境的优化。科学技术是第一推动力，进入新时期，我国的科技发展也取得了重要的成果与绩效。随着国家"一带一路"倡议、"创新驱动发展战略""互联网＋"等战略的实施，为持续提升科技创新能力，国家在完善对基础研究和原创性研究的长期稳定支持机制，建设国家重大科技基础设施和技术创新中心，打造科技资源开放共享平台，落实科研经费和项目管理制度改革，完善知识产权创造、保护和运用体系，深化人才发展体制改革等诸多方面，出台了许多鼓励和支持技术创新的政策和措施。这些制度与策略对我国包装产业的发展具有重要的推动作用，如能够提升包装产业的技术层级、培养优秀的设计人才与技术人才等。除此之外，"一带一路"建设不仅能开拓国外包装市场，还能加强与具有先进包装技术的国家进行交流学习，从而提升本国的包装技术水平，促进包装产业的快速发展。

3. 不断拓展的发展空间

随着国家各项战略的实施，拓展了我国包装设计的发展空间，对我国的包装设计带来了很多积极的影响。"一带一路"跨越了中国，不仅给上海、广东等发达地区带来巨大的经济效益，也给我国其他欠发达地区提供了广阔的发展空间。而以亚洲为核心的沿线国家多为发展中国家，包装产业发展相对滞后，这种陆海内外联动、东西双向开放的全面开放新格局为我国包装产业配套延伸、产能转移和市场拓展提供了重大机遇。各地将立足区域发展总体战略，围绕推进"一带一路"建设、京津冀协同发展、长江经济带发展，根据自身产业基础和特色优势，因地制宜、因业布局、因时施策，不断调整和优化包装产业结构，拓宽产业发展领域，拓展产业发展空间，从而形成优势互补、错位发展、协调共享的包装产业发展格局。

4. 不断增强的发展动能

进入新时期，科技在不断发展，产业也面临着转型，经济社会的各个领域都呈现出新的发展态势。我国经济进入新常态后，涌现出许多新的产业，并表现出巨大的发展潜能。以技术创新为引领，以新技术、新产业、新业态、新模式为核心，以知识、技术、信息等新生产要素为支撑的新经济，正在深刻改变我国经济社会发展格局，正在形成促进我国经济转型发展的新动能。

当前，加快发展新经济，已经成为我国促进经济结构转型和实体经济升级的重要途径和推进供给侧结构性改革的重要着力点。新经济的快速发展，能够给包装设计带来新的发展动能，促进我国包装产业的转型。此外，国家在各个方面的深化改革也为包装设计的转型发展奠定了坚实的基础，不断优化的宏观经济环境也给包装设计提供了广阔的市场发展空间。如今，全面深化改革已经取得了一些显著的成效，并还在继续向前发展，激发了我国包装产业的发展动力，也为其带来了前所未有的发展机遇。

（二）新时期我国包装产业的发展策略

1. 发展绿色可持续包装

包装产业是国民经济的重要组成部分，也为社会经济贡献了巨大的力量，助推了社会的发展。但是，包装产业在生产的时候也给环境带来了巨大的压力，影响了人们的生存空间和生活方式。包装企业如果想在新时期的经济市场中占据有利地位，就必须要与生态文明相联系，在设计、生产等过程中使用绿色材料、清洁能源，尽量避免对自然环境造成破坏，构成人与自然和谐共生的包装形式，推动企业朝着绿色可持续包装发展。对包装行业而言，需要培育节能环保等战略性新兴业态，才能有利于行业的健康持续发展。对经济社会而言，倡导绿色消费，鼓励商品适度包装，同时需要增加绿色产品供给，保障绿色消费的持续性。

包装企业在设计过程中，要对包装的大小和强度进行精心构思，避免过度包装，要科学、合理地利用资源，把平衡消费者、企业与环境之间的关系当作自己的责任，要在不损害自然生态的前提下，进行包装生产。绿色包装有助于减少商品、食物和能源等众多资源的浪费，并可在整个价值链中实施环境保护策略，在绿色经济产业转型中具有至关重要的促进作用。

在包装生产阶段，应以满足包装的基本功能和消费者的需求为前提，尽可能减少不利于环境保护的包装材料、包装结构的使用量；在包装使用阶段，鼓励包装低碳化，即采用轻质高强的包装材料制造轻量化的包装容器，促进包装结构与装潢设计简约化、便利化，同时引导社会理性消费，采用适度包装，反对过度包装。在包装回收阶段，倡导环境友好化，即鼓励产品制造企业采用轻质高强的集装托盘、包装周转箱等可回收复用的包装器具；同时，城镇包装废弃物应建立健全分类收集、定点定时回收机制，逐渐完善包装物回收体系。在包装废弃物处理阶段，应积极开发和使用可降解或堆肥化的绿色包装材料，无法降解的包装材料应尽可能资源化再循环利用，减少焚烧处置量。

2. 深入发展安全包装

安全是第一位的，包装企业要始终本着为人们提供健康无害的包装产业的原则进行包装设计和生产。安全包装，就是在产品全生命周期内由包装安全系统和安全包装生产系统共同为各关联要素提供无损和无害的技术手段与方法。安全包装是一种更高层次的防护包装形式，被赋予了更多的责任和义务，也更具有可持续发展的生命力，是包装科学发展到新阶段的必然产物。

包装企业要根据市场的需要进行生产，做到产与需的平衡，要利用先进的包装技术，推进与完善包装安全体系建设。首先，要利用核心技术开发生产保质保鲜的包装产品，因为食品与药品等食用类商品与人们的生活密不可分，关系着每个人的健康安全，所以保质保鲜技术十分重要；其次，创新防伪包装技术，在现在的市场中，很多商家为了自身利益不顾道德标准制造假冒产品，不仅对消费者的安全造成威胁，也扰乱了市场秩序和稳定，所以，防伪包装技术需要进一步得到提升；另外，包装企业要推进协同创新，有效加强监控监管，建立和完善安全包装保障体系：一是发展生产过程包装在线检测与监控技术，二是实施食品药品包装安全化工程。

3. 快速发展智能包装

随着科学技术的发展，数字化、信息化技术已经深入社会生活的各个领域，智能制造也成为企业的重要支撑力量。进入新时期，面对有利的发展机遇，包装企业要推进智能制造，一是深度融合供应链的需要，进而满足制造业智能化对包装服务职能提出的新要求，这是推进包装产业信息化与工业化深度融合的重要举措；二是实现包装制造过程的"机器代人"，以降低生产成本，灵活应对市场变化，更好地满足客户需求。

智能包装产品的任务是监测包装内产品的质量状况，反馈质量影响因素的变化信息，响应系统维护与修复的控制指令。智能包装产品的目的是在商品流通周期内，延长保质期、增强安全性、保证商品质量。

智能包装主要表现在以下几个方面。

一是优先发展智能包装装备。包装企业要利用数字化、信息化技术，创新包装制造模式，发展以技术为核心的智能包装和设备，形成企业优势。鼓励发挥行业工艺技术专长的优势，研发试制市场急需的智能传感器大面积高速印刷制造工艺及设备、小型化组合式快递业智能分拣派送自动包装设备等。

二是重点发展智能包装产品。包装企业要不断推动供给侧结构性改革，充分借鉴国外优秀的包装产品设计与生产经验，发挥传统包装的优势，改进生产技术，重点发展基于移动物联网与北斗卫星导航系统集成的食品药品智能包装产品与应用系统。

三是积极鼓励开展智能生产。包装企业要注重包装设计与信息技术的结合，应用环境感应新材料，实现包装微环境的智能调控，推进生产过程智能化改造，提升智能包装车间、智能包装工厂的基础建设能力。

四是加速构建包装制造资源协同共生网络平台。要加强包装产业与网络的联系，利用网络平台对包装商品进行宣传推广，更好的办法是在网络上进行商品销售，创新商品的销售模式，增加企业的经济利益。

第一章　包装设计及其历史沿革

包装与人们的生活息息相关，从包装诞生至今，人们对它的认识与理解随着社会生活的变化而不断深化。在漫长的历史文明发展进程中，生产力的发展、科学技术的进步、社会环境的变化以及人们生活质量的改善，都影响了包装的功能价值与形态的变化。从包装设计的历史沿革中，可以清楚地看到人类的进步，把握包装设计的概念与历史演变，能为当今的包装设计师带来设计灵感，促进包装设计的发展。

第一节　包装的概念、目的、功能与价值

一、包装的概念

"包装"一词，就其字面本意来看，"包"有包裹、包扎、容纳的意思，"装"有填放、装饰、样式之意。作为名词，它是指商品流通过程中，为了保护产品，方便运输而采用的储存和保护物品的容器；作为动词，则是指为了完成上述目的而采用的含有一定技术方法的活动行为。宽泛地讲，为了让人们更多、更好地知晓、接受、购买商品，而围绕商品信息传达和形象塑造进行的推广策划、设计与发布活动，都可以被看成是对商品的"包装"。例如，对商品形态的设计、对品牌形象的设计与推广、对商品的促销活动的设计与推广等。

二、包装的目的

（一）介绍商品

介绍商品信息是包装的基本目的，消费者主要是通过包装上的信息要素来了解商品的，包装上包含的信息主要有商品的品牌与名称，以及产品的内容与性能、

产地与生产商、成分、储存条件、保质期、条形码，等等。产品生产商必须要按照相关的条例规定将商品的信息完整地体现出来。随着科技的发达，产品的信息都被囊括在一个条形码上，只需要使用电子工具进行扫描就能得出商品的相关信息。条形码的存在不仅能保证商品信息的正确性与商品的安全性，它还能反映商品的库存量，帮助商家及时、准确地了解商品的流通信息，方便补充商品。

（二）吸引顾客

沟通是人与人之间、人与群体之间思想与感情的传递和反馈过程，包括语言沟通和非语言沟通。包装虽然不会用语言和表情传递情感，但是趣味化的设计、适当的商品展示、准确的定位都能够把信息、思想和情感传达给周围的人，从而大大提升消费者的购买欲望。

随着物质生活水平的提高，人们越来越重视精神上的追求，在包装方面也是如此。除了对商品的质量有较高的要求外，人们对商品的包装形式也更加重视。以往简单的、不具有特色的包装难以吸引人们的眼球，从而让消费者对商品失去兴趣。消费者希望商品在满足自己使用需求的前提下，其商品包装也能表现出一种情感关照，能够引起人们的共鸣。在一些典型的优秀产品包装设计中，包装设计师能够在了解产品的基础上，向消费者表达出丰富的情感体验，引发人们的各种情绪，从而引起强烈的情感共鸣。这种带有生活经历、富有情感诉求的包装能够更好地吸引顾客。

图 1-1　透明小窗口包装

有的商品包装上会设计一个透明的小窗口，以突出商品的展示效果，消费者可以通过"小窗"对商品进行"更深层"的了解。"眼见为实"是消费者的正常心理，透过"小窗"去了解商品的真实面目，是一种非常人性化的设计，而这一部分恰好可以成为包装设计的点睛之笔，一举两得（图 1-1）。

（三）提高生活质量

包装与人们的生活联系密切，无处不在。包装是人类文明发展的产物，是勤劳与智慧的结晶。不管是原始时期，还是在现代生活中，包装一直都肩负着改善人们生活、提高人们生活质量的重担，随着人们生活习惯与生产方式的改变，包装的发展也日益完善。这虽然是不言而喻的客观事实，但是，在以往的包装设计中，设计者考虑更多的是如何保存产品、如何在运输过程中使产品不受到损害。如今随着自主意识的加强，人们越来越重视包装对生活质量的改善，从而使包装设计在人类自身发展中的目的性更加明朗。

现代社会的创物活动更加频繁和多样化，创物的意义、目的尽管日趋模糊，但是，各种不同形式的创物活动都是人类要求的一种体现和反映。从严格意义上讲，人类并不存在毫无目的的创造性行为。正是基于这一点，对现代包装设计来说，便要求其在改善人的生产生活方式上的目的性更加明显。包装在实现其基本作用——保护商品、方便运输、促进销售的基础上，其功能得到了相应的延伸，必须起到促进人们改变生活消费方式的作用，因为不同的包装方式和不同的消费方式相对应。如集合化包装的出现，让消费者摆脱一次购买一件商品的生活方式，而促进人们的一次性大购物行为，节省了大量时间；保鲜包装材料的出现，让菜场的小菜进入了超级大市场，这些都是因包装的改进和出现从而改变人类生产生活方式的典型例子。

（四）增加商品附加值

不管过去、现在和未来，提高商品附加值都是商家对产品进行包装的主要目的之一。因为包装设计能够在外观上提高商品的档次，从而增加商品的自身价值。如今，产品同质化已经成为商品发展不可避免的现象，因此，企业要想获得良好的竞争力就必须在其他方面下功夫，如企业品牌与综合实力。对于企业来说，形成与维持竞争力的最有效的途径便是产品的包装，当产品声势达到一定的高度后，包装便是重要的加分项与突破点，可见，包装对企业品牌及其综合实力的影响越来越大。包装是产品的保护壳，也是重要的视觉元素载体，是企业形象的宣传者，代表着企业的精神文化与风格特色。人们在选择产品时，包装是直接映入眼帘的

部分，在很大程度上能够影响人们的消费选择。在交往越来越密切的国际市场中，包装中的视觉形象作为企业的整体形象，在设计过程中，要更具有国际视野与民族特色，从而进一步增强产品的竞争力。当包装获得良好的效果后，产品的销售量也会随之增加，所以说，优秀的包装能够增加商品的附加值（图1-2）。

图1-2 创意性包装更具有竞争力

（五）精神文化的载体

随着商品经济的快速发展，经济全球化的加快，人们的生活方式与消费行为变得越来越全球化。人们的文化生活在各种文化交流中也越来越丰富多彩，但是民族文化也因此受到了挑战。要维系文化的多元性，一方面要求新文化的创造具有多元的源头；另一方面要求文化的传承具有多元的渠道和方式，包装作为人类造物的活动和行为，在这两个方面都发挥着无比重要的作用。这不仅因为包装本质的创造能够源源不断地产生和积淀新文化，而且它本身又在以多样的方式传承着文化。

现代科技的高度发展，使人具备了利用、改造、征服自然的巨大能力，现代科学创造了高度发展的物质文明和无比丰富的物质产品，但也在某种程度上唤起了人性中"恶"的一面，导致当今社会物欲横流、金钱至上。包装设计的社会性、生活性、现实性特征，使其在社会文明、文化的传承中，具有生发、积淀和延续的作用，而这些作用对未来民族文化的发展尤为重要。

三、包装的功能

（一）保护功能

不管是什么类型的商品都需要一个保护壳，才能保证产品在销售过程中完好无损，包装的出现则解决了这一问题。包装的主要功能便是保护产品，无论何种包装，如果不能起到保护产品的作用，都是应该被淘汰的。商品从生产出来再到消费者手中，会经历很多过程，如装载、搬运等。在这些过程中，商品难免会与其他工具或商品发生碰撞，导致商品受到损害；商品在堆放时可能产生变形；如果库存条件不当，商品也很容易产生变质；并且在流通过程中，商品还可能遭受到人为的破坏，等等。由于商品的特点与属性的区别，产品包装的保护功能会比包装的其他功能设计更加重要。有的商品需要长期保存，所以，对包装材料的要求也更高，这也是对消费者负责任的一种表现。由于生活节奏的加快，人们很难保证每天购买到合适的商品，

图 1-3　包装的保护功能

大多数消费者都是进行一次性多种产品的消费，从而节省时间。在这种情况下，产品的保质期则变得越来越重要，所以，优秀的商品能够起到良好的保护功能，在产品流通中的作用也越来越显著。由此可见，包装在产品的保护中扮演着十分重要的角色（图1-3）。

（二）便捷功能

随着人们生活质量的提高以及生活节奏的加快，人们的生活方式也更加丰富多彩，活动范围也不断增大，但相对的是购物时间便缩短了。此外，商品的种类也越来越多，市场在逐步完善，所以人们对商品的要求也显著提高了。面对这些情形，包装也在不断地发生变化，设计师在立足于包装材料的物理性、化学性等基础上，开始逐渐完善产品包装，设计出方便搬运与销售的商品，市场上方便使用、方便销售、方便携带、方便回收利用的各种包装设计比比皆是（图1-4）。从企业和销售来看，包装设计还要做到如下几方面。

图1-4 便于使用的按压式包装

图1-5 便于陈列的软管包装

第一，方便销售。商品的出现就是为了满足人们的生活需要，但面对竞争日益激烈的市场，如果没有良好的销售手段，商品则很难引起消费者的注意，因此，包装的设计一定要方便销售。尤其是在商场与超市中，商品的陈列方式在一定程度上能够影响该商品的销售情况。以码垛式、吊挂式和并列式的陈列为例，食品罐头从不利于码垛的直筒式造型，改为上大下小和另加盖式、凸凹槽口式的形态，使其上下陈列时能互相咬合；软管类化妆品盖的加大使其能倒立展示，便于陈列（图1-5）；吊挂式的商品可以充分利用货架空间。对销售因素考虑全面，如销售性展示陈列的要求，货架要易于消费者和店员准确选择识别商品，可叠式、展开式、开窗式等都是方便销售的形式。

第二，方便使用。同样的产品，在消费者使用时能够提供更多的便利者更能吸引消费者。比如适量包装，有的企业在包装设计中会预计消费者使用商品时所需要的量，会按照人数的差异设计不同的包装，分为一人份、两人份、三人份等，提供不同数量的使用工具。此外，许多即时性食品以及调料的包装也越来越人性化，有的商品包装会把单件组在一起销售，或是把同类产品放在一起配套出售，既节约了消费者的时间也方便消费者进行使用。

第三，方便生产。现在的普通商品都是进行成批生产的，其包装也是如此，所以，包装设计要考虑生产时的方便，方便生产的包装能够节约成本，提高生产效率。如流水线上的产品包装一定要符合流水线生产的要求。再好看的产品包装如果操作烦琐，最后只会产生适得其反的结果。

第四，方便储存与运输。商品从工厂生产出来以后，会被统一运输到商场，在运输过程中，商品会被统一堆放。因此，包装设计要考虑包装堆放的便利性，如以前的鞋盒包装都是成型的纸盒，堆放在仓库里占据着很大的空间，通过完善改进的折叠鞋盒包装减小了占地面积，方便储存；家用电器从生产到流通再到顾客手中，会被搬运无数次，方形的包装不仅能保护电器，还能方便运输与放置。在包装设计中，设计师要充分考虑产品的属性，了解运输价格，科学合理地进行包装设计，从而节约生产成本。

（三）环保功能

环保意识是现代包装设计不同于传统设计观念的重要方面。随着科技化与城市化的进程加快，环保已成为人类发展的一件大事。在付出了砍伐与开垦、屠杀与灭绝、污染与破坏等与大自然相悖的历史代价以后，人们开始比历史上任何时期都清醒地懂得人类生存环境的重要性。于是，绿色

图1-6　可回收包装

设计的呼唤响彻了整个世界。因此，一件产品使用后对包装的处理也展现了包装功能的另一个方面——回收利用的问题，特别是在"绿色包装"的时代主题下，现代包装应被赋予节约资源、保护生态的功能意识。一方面要降低商品包装成本；另一方面要降低包装废弃物对环境的污染。再者，要尽量利用再生材料，以形成材料资源的回收加工与重复使用（图1-6）。

（四）广告功能

包装影响消费者对产品的第一印象，一款精美的包装可使消费者对企业和产

品形成良好的印象，引起购买欲望，促使消费者采取购买行为。成功的包装可以起到广而告之的作用，也可以提高消费者对企业和产品的偏爱，增加习惯性购买，防止销路缩短。顾客在看完商品的广告之后，会对产品更有亲切感，从而帮助产品深入到每个消费者家庭。在现代市场营销过程中，商品包装对产品的促销作用日益重要。特别是无人售货的自选商场的出现，商品包装将直接影响商品的销售量。所以一款好的包装也被人们称为"无声的推销员"。

（五）美化功能

产品包装能够取悦消费者的另一个重要因素在于其具有美化功能，很多包装设计都具有装饰性，能够带给人们美好的视觉感受。比如深受女性喜爱的化妆品，很多化妆品品牌都能根据女性的爱美心理设计出优美的包装造型，其亮丽的色彩、透明或半透明的材质以及独特的图案造型都能带给人美感，从而产

图1-7 独具美感的香水包装

生一种愉悦的视觉享受（图1-7）。有些产品的美化包装使用的是各种图案、色彩、文字等元素，有的包装则是以企业的品牌标志作为主要视觉元素，前提是这些品牌标志本身就具有审美性以及知名性，如可口可乐的系列包装。有的产品包装则以独特的温馨的色调，加上柔和美妙的肌理，表现出一种独特的风格，也增加了产品的风韵，如一些茶叶礼盒的包装设计。此外，对于某些特殊商品，如唱片封套、音像制品的包装设计，装饰形式语言的运用与效果更为重要，往往起着决定性的作用。在其包装袋、包装纸的设计中，图案、字体、标志及构成的艺术性就显得更为突出。

（六）防伪功能

防伪功能是基于商品安全方面的考虑，用于防止商品被仿冒和伪造。防伪的主要手段有印刷防伪、材料防伪、结构防伪、电子防伪等。防伪手段的合理运用将起到保护产品和商品生产商权益的作用，并能在一定程度上有效减少消费者的选择与购买失误。当今的防伪技术、材料以及手段的开发利用已成为一个新兴的行业。

1. 印刷防伪

印刷防伪是包装防伪手段中最常见的一种方式，采用特殊的印刷手段增加仿制难度，多用于钞票、证件和票据，以及包装的局部印刷。防伪印刷一般有凹版印刷、特殊油墨印刷、激光印刷、全息印刷等。随着科技的进步，有了防伪设计的专门软件，防伪印刷的方式也越来越多样化。

2. 结构防伪

为防止旧包装的再次使用，以破坏性的结构设计进行防伪的手段也被广为应用。如一些饮料瓶或药瓶在开启处通常采取一次性破损的设计，有些高档酒则采用蜡封、铅封、塑封或一次性破损的陶瓷盖等手段。此外，一次性拆口及一次性破损标签也广泛应用于各类商品包装的封口。

3. 电子防伪

近年来高科技及网络技术的进步，使得电子防伪作为一种新的技术得到推广。电子防伪可通过防伪密码或防伪芯片来实现。防伪密码通常印刷于包装或商品说明书上，通过网络或电话的方式可进行防伪查询。而依附于包装之中的电子芯片则可通过电子扫描等手段来进行验证（图1-8）。

图1-8 防伪包装

四、包装的价值

包装的价值，站在不同人的角度可能有着不同的关注重点：在商人眼中，包装的价值在于好不好销售及成本是否够低；在顾客的眼中，包装的价值在于好不好看与好不好用；在设计师的眼中，包装的价值在于市场反响及业界评价；在学者的眼中，包装的价值或许在于其社会影响或哲学价值。然而，包装的生命，毕竟体现于现实的应用过程中，而不是被放在历史的坐标系中进行道德评价或者考古研究。因此，包装的价值，最重要的，应该还是在于其现实的应用价值。作为有社会责任感的设计师，应该明白，包装的现实应用价值必须借助现实的市场需求才能得以实现。而市场需求是综合性的，并且是随着时代的变化而变化的。在商品经济高度繁荣和信息传播技术空前发达的当今，包装设计常常需要在重视市场价值、审美价值的同时，也在相当程度上对其社会价值给予关照。好的包装设计，不只好看、好卖、低成本，还要具有良好的社会价值。

第二节　包装的分类

现代社会，人们越来越注重生活的品质，各类商品层出不穷，商品包装的种类越来越丰富，造型越来越独特，形式越来越多样，结构也越来越复杂。由于不同的商品对包装有着不同的要求，所以产生了各种不同的包装，其功能、结构、外观、材料等各不相同。从不同的角度去看待包装，包装设计会有不同的分类方法。

一、按商品类型分类

（一）食物包装

食品是与人们的生活紧密联系的，食品包装设计更是重中之重，不仅要保障食品的安全性、体现不同食品的特征，还要对定位消费群体有深入地了解和准确地把握。为防病从口入，食品包装内在设计有严格的要求。

①食品包装设计强度要求：指该包装设计能保护所包装的食品，使食品在贮藏、堆码、运输、搬运过程中能够抵抗外界的各种破坏力，如压力、冲击力及振动力等。

②食品包装设计阻隔性要求：阻隔性是食品包装设计中重要的性能之一。需阻隔的物质有空气、水、油脂、光、微生物，等等。这些都是会使食品腐败变质的元凶。

③食品包装设计呼吸要求：有些远销食品如新鲜果蔬等，在包装设计贮藏过程中需保持呼吸功能，因此，此类包装设计材料或容器需要具有透气性，或能控制呼吸作用，从而达到保鲜的目的。

④食品包装设计营养性要求：食品在包装贮藏的过程中，营养会逐渐流失，所以，食品包装设计应有利于食品营养的保存，更理想的是能通过包装设计锁住营养。

食品包装设计的内在要求还有很多，如耐热性要求、避光性要求、防碎要求、保湿要求，等等。

（二）药品包装

为药品在运输、储存、管理的过程和使用中提供保护、分类和说明的作用（图1-9）。

图1-9 药品包装设计

（三）纺织品包装

纺织品主要包括家纺家居，如床品件套、巾被、毛毯、绗缝被、功能性床垫、枕头、家居饰品、窗帘布艺、家纺面辅料等。家居夏凉，如蔺草制品、竹木制品、亚麻制品、皮革制品、坐垫、沙发垫、纸编制品、睡帐、空调被等。针织服饰，如针织服装、文胸、保暖内衣、无缝内衣、塑身美体内衣、家居服、内裤、袜品、婴孕童服装、休闲服装、羊绒羊毛服装、围巾帽品、针织面辅料、针织机械等。其中（GB/T 4856—1993）《针棉织品包装》规定了针棉织品包装用纸箱箱型、规格、包装含量、技术要求、装箱要求、包装标志、运输和储存要求、试验方法、检验规则。本标准适用于各种原料制成的针棉织品和有关纺织复制品的包装（图1-10）。

图1-10 家纺家居包装设计

（四）电器包装

家电主要指在家庭及类似场所中使用的各种电器和电子器具，又称民用电器、日用电器。随着现代科技的飞速发展及家用电器的普及化，家电用品包装设计与人民生活的关系愈发密切。

（五）果蔬类包装

蔬菜的包装对保证蔬菜商品的质量有重要的作用。合理的包装，可减轻贮运过程中的机械损伤，减少病害蔓延和水分蒸发，保证蔬菜产品质量，提高蔬菜产品的耐储性。在包装形式上，应使用统一规格的包装盒、包装箱或装菜塑箱，具有防潮、耐压、通透性好的特性且内壁光滑、无异味、无有害化学物质，不影响保鲜、保质；体轻、成本低、原料来源丰富；容易回收，等等。正规的果菜包装上还应有标志以标明产品名称、生产单位名称、详细地址、规格、净重和包装日期等。产品标志上的字迹应清晰、完整、准确（图1-11）。

图1-11 水果包装设计

二、按包装功能分类

包装作为实现商品价值的重要手段，在商品生产、流通、销售等领域发挥着极其重要的作用。一件商品，从最初的生产加工到最后到达消费者的手中，要经过生产、流通、销售三个步骤。现在商品的外包装除了具有存储商品和保护商品的作用外，还有着更多的功能。包装伴随着商业的发展而发展，商业的发展又促使包装设计进一步改善与提高。包装是商品在出厂前的最后一道工序，同时又是其进入市场的第一道程序。包装在商品流通过程中不仅可以起到保护商品的作用，还可以起到促进销售、宣传品牌的作用。

（一）品牌包装

市场日新月异，现代包装设计也在不断地发生变化，设计理念、设计手段以及设计的方向在不断地增强包装的品牌性，并且表现出一些新的时代特点。包装设计离不开市场需求，所以包装设计师在进行设计前，一定要深入市场，进行科学合理的调查，了解市场动向，以市场意识为基础进行包装设计。此外，设计师在调研过程中，要发挥自身的创造力，善于发现市场中的亮点与创新点；设计出的产品包装要紧跟市场的运行形势。在现代包装设计中，品牌的力量越来越突出，由于市场竞争越来越激烈，企业越来越重视品牌形象的建立，希望在包装设计中突出品牌形象、提升产品的知名度、增强企业的竞争力。优秀的包装设计能够合理运用图形、文字、色彩等视觉元素将品牌形象凸显出来，带给人视觉上的冲击，表现出鲜明的标志性，这种品牌形象的设计比单个商标的设计要更能吸引消费者，也更方便消费者了解产品，加深人们的印象。优秀的包装设计中的品牌形象会增强消费者的信任感。

（二）绿色包装

提倡环保、爱护环境、回归自然、崇尚绿色成为人们越来越迫切的生存需要。因此，市场对绿色包装设计的要求日趋强烈。实现绿色包装设计所采取的具体方法是减量化，在减少消耗的同时减少垃圾的产生。在选材时要注意以下几点：第一，尽量选择易于降解的材料，对于不易降解的材料能不用则不用；第二，有效利用再生纸、再生纸浆、再生塑料、再生玻璃等，在循环利用的过程中既有物质的回收，又有能源的回收；第三，合理利用自然物质，在设计包装和选择材料时尽可能趋向自然，如用玉米叶包装茶叶、用竹筒包装酒、用陶罐包装酱菜等，都是很典型的绿色包装设计（图1-12）。

图 1-12　竹筒酒包装

（三）文化包装

这个世界是由多个民族、多个国家构成的，不同的国家具有不同的文化，也具有不同的生活方式、语言习惯、思维观念以及审美价值等，因此，也形成了各种各样的民族风格。不同国家的包装设计也体现出其不同的文化特性，从而使文化观念直接地或间接地以视觉要素的形式表现出来（图 1-13）。

图 1-13 茶叶包装

三、按外观形态分类

（一）箱子

箱，指用木板、胶合板、纸板、金属及塑料制成的有一定刚性的包装容器，一般为长方体或方体。尺寸比盒大，一般用作商品的运输包装容器。

（二）盒子

盒，容量较小，是由底、盖相合而成的具有一定刚性的包装容器。形状和材料多样，便于销售、携带和启用。一般用作商品的销售包装容器。

（三）桶

桶，通常指容积较大、浓度较深的容器。桶的形状、材料多种多样。

（四）坛

坛，一种口小肚大的包装容器。通常使用陶土、瓷土、玻璃或塑料制成。具有良好的密封性、防潮性和抗腐蚀性。

（五）罐

罐，通常为圆柱形或其他规则形状的小容量密封包装容器。一般由罐身、罐底和罐顶组成。罐类包装密封性好，可保护内容商品持久不坏，方便储存和运输。

（六）瓶

瓶，一般指有颈的包装容器，顶部开口，可用盖子或瓶塞封闭。瓶类容器密封性较好，对内容物的保护性较强，易于装饰，便于携带。但空瓶储存、运输占地较大，费用较高。

（七）软管

软管，用软性材料制成的圆柱形包装容器。一端折合压封或焊封，另一端为管嘴或管肩，挤压管壁时，内容物由管嘴挤出。软管包装重量轻、密封性好、使用方便，如牙膏、洗面奶的包装。

（八）袋

袋，一端开口的可折叠的柔性包装容器，开口端通常在填充内容物后封口。空袋体积小，重量轻，装填、开启、堆码方便，广泛用于多种商品包装。

四、按包装形状分类

按形状可以将包装分为大包装、中包装和个包装。

（一）大包装

大包装也称外包装、运输包装。因为它的主要作用是保证商品在运输中的安全，且便于卸装与计数。大包装的设计比较简单，一般在设计时，要标明产品的型号、规格、尺寸颜色、数量、出厂日期，再加上小心轻放、防潮防火、堆压极限、有毒等视觉符号。

（二）中包装

中包装主要是为了增强对商品的保护、便于计数，而对商品进行组装或套装的包装。

（三）个包装

个包装也称内包装或小包装，它是与产品亲密接触的包装，是产品走向市场的第一道保护层。个包装一般都是陈列在商场或超市的货架上，最终连同产品一起卖给消费者（图1-14）。

图1-14　个包装与中包装

五、按包装材料分类

现代包装材料多样，常见的主要类型可大致分为：纸张、塑料、玻璃、陶瓷、金属、木料、纤维材料、皮革、合成材料和天然材料等。其中纸张、塑料、玻璃、金属等是现代包装容器最常用的材料。而每一大类材料中，又衍生发展出若干特性的品种，而且还在不断地创新之中。

在进行包装设计时，需要合理考虑具体材质的成型、印刷特性。有经验的设计师，常会将包装材质及加工、印制工艺作为重要的创意支点和表现语言，巧妙地运用于设计中。

六、按包装在流通中的作用分类

按商品流通中各环节所起的主作用，包装可以分为销售包装和贮运包装。

（一）销售包装

销售包装，主要为了在销售终端进行商品展示以获得消费者认同，在消费环节对商品提供保护并方便消费者使用的包装。比如常见的酒瓶烟盒、休闲食品袋、水果罐头等（图1-15）。

图1-15　销售包装

（二）贮运包装

贮运包装，主要是在工业生产、仓库贮存和物流运输过程中为商品提供保护、识别、计量的包装。比如常见的瓦楞纸箱、运输木箱等（图1-16）。

图1-16　贮运包装

七、按消费行为分类

消费者购买行为的特性，大致分为两类：一类是理性消费行为，指消费者主要通过理性比较、分析、判断而采取的消费行为；另一类是感性消费行为，指消费者主要由情感因素而导致的消费行为。据此，消费者通常要对其进行理性的调查、分析与权衡后，才会实施购买行为的商品，被称为理性消费品。如房产、车辆、药品等；而那些主要依赖情绪感染力影响消费者购买行为的商品，则被称为感性消费品，如休闲食品、小电子产品等。理性消费商品的包装设计，除了恰当的风格设计外，应该更重视清晰准确的信息传达；而感性消费品的包装设计，通常需要富有新意且情绪感染力强的设计风格，以达成良好的情绪促销效果（图 1-17）。

图 1-17 感性消费商品包装

八、按消费周期分类

按消费周期长短，可以分为耐用品包装与快消品包装。耐用品，是指使用寿命较长（一般达 1 年以上），价格较高，并可多次使用的消费品，如电动剃须刀、台灯等。快消品，是指使用寿命较短，消费速度、频率较快的消费品，如牙膏、饮料等。通常人们对耐用品的选择在产品质量、服务和价格方面，相对快消品会更为理性。而对快消品，在经过几次尝试性购买和使用后，通常会形成相对稳定的长期购买习惯。所以，在进行包装设计时，快消品往往会更重视视觉识别，而耐用品通常更着力于信息的有效传达。

第三节 包装设计的历史演变

一、萌芽时期

产品包装具有悠久的发展历史，包装萌芽于先民用原始材料制作盛放与保存食物的器皿的原始时期，那个时期生产力落后，人们没有先进的制造工具，也不具备良好的制作工艺，所以原始包装都比较粗糙。这种包装随着历史的发展仍然活跃在产品包装中，比如，绿色生态的竹包装，除了造型变得丰富优美外，其实质还是原始材料。

严格来说，原始时期的包装并不是人们现在所理解的真正意义上的包装，它更多的是作为一种日常生活的用品，主要功能是方便盛放食物，与现代的包装具有相似之处。

　　原始时期的包装具有以下特点：采用天然材料，就地取材，加工工艺及形制简单，功能以盛载和保护盛装物为主。该时期的包装多使用天然材料而非人为合成材料。因受生产力水平的限制，为了运输和储藏食物等生活资料，多使用树叶、果壳、兽皮、藤条等对其进行包裹和捆扎。陶器的发明是原始包装的一大进步，它具有更为坚实耐用的特性，且利于制造丰富多样的造型，能够同时满足人们实用和审美需求。例如，马家窑的彩陶壶、罐、瓶、钵、盆等，光滑的表面多以黑彩绘出条带纹、圆点纹、波纹、旋涡纹、方格纹、人面纹、蛙纹、舞蹈纹等（图1-18）。饱满的器型施以优美纹饰的原始彩陶的出现，说明人类已经不再单纯寻求包装的使用功能。

图1-18　马家窑彩陶盆

　　编织物在原始包装中十分常见，例如从浙江钱山漾新石器时期遗址（公元前2700多年）中出土的丝织品，装在竹篾编织的筐状物中。袋囊型的包装随着人们对纺织、缝制技术的掌握也广为使用。《易经》中"坤卦"六四爻辞载："括囊，无咎无誉。""囊"即是指口袋，"括"意为扎上袋口，爻辞的意思为想要平安就要像扎上口袋那样保持沉默，这显然只是一个极具象征的比喻，同时也反映出袋囊型包装的应用已相当普遍。

二、手工业时期

　　金属冶炼是人类最早通过物理与化学的反应，用人工的方法将一种物质变成另外一种物质的创造活动。它的出现，标志着人类进入了新的设计文明阶段，从而迎来了辉煌的手工业时代，也进入了阶级对立的奴隶社会和封建社会。在漫长的发展历程中，人类不断完善与手工业生产方式相关的设计艺术文明。古埃及、古希腊、古罗马、古中国都出现了无数令后人叹为观止的优秀包装。这些包装从设计观念方面，强调设计物的功能价值与内在的精神品质的有机结合，从而达到高度完善的实用与审美的统一。

在手工业时代，统治阶级在意识形态领域中的阶级等级观念和宗教观念都规范着设计的功能意识和审美原则。不同阶层由于审美需求和审美趣味的深刻差异，在设计风格上表现为宫廷风格、宗教风格、文人风格、民间风格和地域风格的不同面貌。虽然这几大风格在同一社会意识形态和生活环境中有着内在联系，但在艺术语言和表现形式上存在着明显的差异。

宫廷风格包装也叫作贵族风格包装，这种包装是为了迎合统治阶级审美趣味而设计的。由于统治阶级掌握着国家政权，拥有着绝对的权利与经济地位，这种贵族风格的包装极大地满足了他们的使用需要及心理需求。换句话说，具有宫廷风格的包装设计就是统治阶级权力与地位的象征。贵族阶层把控着经济，他们追求高贵、奢华、舒适的生活，因此，在包装设计上，要选用最好的、最精致、最独特的材料，对制作工艺也有极高的要求，不计较成本代价，只需要最后的包装成品能够使功利主义者得到满足。不管是哪个时期，宫廷设计风格都代表着当时的最高水平。由于统治阶级占有了最为珍贵的物质材料、最先进的科学技术，甚至那些最有才华的能工巧匠们都为宫廷和官府作坊所控制管理，他们不得不尽力地为贵族服务。这种体现帝王气魄的包装在中国古代社会比比皆是。如清乾隆时期的银鎏金錾花暖砚盒（图1-19），展现出王权的特殊化和一种唯我独尊的威慑力量。

图1-19　银鎏金錾花暖砚盒

无论是东方还是西方，在奴隶制和封建制社会里，意识形态领域宗教制约和规范着人们的物质生活和精神生活。因此，在手工业时代，设计艺术中出现了许多宗教艺术风格的事物。在手工业时代初期，也是君王的时代，宫廷风格和宗教风格往往是综合凸显的特征，处于互为渗透的状态，毕竟宗教风格的设计艺术也有它自身的特征。我们认为超常性、诱惑性、威慑性、痴迷性是宗教设计艺术及其风格的基本特征，具体到包装来说，在传世和考古发掘的宗教包装实物中，我们能不同程度地感受到其风格特点。铃、杵为佛教密宗诸多法器中最为常见者，含有多重宗教内涵，通常代表相互对立统一的理念，故使用时往往成对出现，因而其包装盒亦做成同时容纳一对铃杵的样式，以便于保存、携带及使用。❶

文人风格包装是封建社会包装风格的典型。文人作为一个特殊的阶层，受到儒家和道家文化的深刻影响，反映在造物设计艺术活动中，是指设计能传达出文人的理想境界以及品格气质，表现出传统文化中"天人合一""物我两忘""文质彬彬""即雕即琢，复归自然"的造物观念，使造物的形式与人的环境融合一致，使物性和人性达到相得益彰的境界，从而形成鲜明的风格和特色。如文人用具，包括毛笔、砚台、墨、朱砂盒、算盘、刮刀、剪刀、镜子和测风水仪等，不仅其自身体现文人的思想意蕴和审美追求，而且还追求用外在的包装来强化形式，增强文人的气质和文化内涵。如清朝乾隆时期的黑漆描金梅竹三屉印盒，此盒木质，黑漆描金，饰梅竹图。

民间包装由于地域和民族习俗的差异，形式丰富多样，反映出各自的生活方式和审美取向。例如内蒙古的皮囊包装，利用草原上丰富的皮革材料制成，以其耐磨、抗冲击、携带方便等优点深得草原民族的喜爱。山东、河南等地使用玉米皮制成包装提兜，既保护了酒瓶又便于携带。福建有竹笋皮包装的茶叶，绍兴用土陶坛子存放花雕酒，都具有鲜明的地方特色。这些包装就地取材，不仅实用性强，而且形式多样，颇具趣味性。

民族与地域风格包装在手工业时期也较为流行，分布在世界不同的地区、地域环境的民族，由于政治经济、宗教信仰、风俗习惯和生活方式的不同，加上语言的隔阂和人际交往的阻绝，创造了各具特色的古老文明。生活在各个地域范围内的民族因地制宜、因时制宜、就地取材，根据各自生活方式的需求、功能和审美的需求，形成各自不同的民族与地域风格的设计艺术传统。古埃及、古希腊、古巴比伦、古印度、古中国，由于山脉、河流、海洋的阻隔，在交通尚未发达之时，都保存着鲜明的地域和民族特色，而中华民族的手工业包装设计艺术风格最为突出，其特点表现为完整性和延续性。延续两千多年的儒家文化和大一统的中央集权，使各领域的手工艺包装设计取得了成熟而完整的发展，构成了较为统一的民族风格特征，即使经历不同历史阶段的改朝换代，也依然毫不动摇地一脉相承。在"丝绸之路"畅通时，较为开放的唐朝与西域各国的交往较为密切，包装设计艺术风格中也不同程度地融入了异域文化的特点，从而丰富了中华民族风格的内涵和生命力。

❶ 故宫博物院编. 清代宫廷包装艺术 [M]. 北京：紫禁城出版社，2000：136.

三、工业时期

欧洲工业革命的开展促进了世界经济的发展，商品的流通也呈现出显著的上升趋势，包装在运输和销售中扮演着越来越重要的角色，包装产业也得到了快速发展，包装工业链逐步完善，现代包装概念开始形成。18世纪中期，从英国发端的工业革命席卷全球，机器生产的方式极大提高了生产效率，促进了商业经济的飞速发展，包装的生产效率发生了质的飞跃。

工业革命也促进了许多新材料的出现，技术的进步带来了人造材料的诞生，包装材料由天然材料逐渐向人造材料转变，包装方式因为材料的多样而变得越来越丰富。此外，纸质包装在这个时期获得了重大的突破，纸质包装的防水、抗压等功能以及其适应范围越来越符合人们对安全包装的期望。同时，加工工艺也取得了突破性的进展，出现了新型黏结剂、真空包装技术、智能包装等新技术。

工业革命改变了人们的生产、生活、消费方式乃至审美观念，社会开始步入"消费时代"，这成为20世纪末至今全球经济甚至社会文化的重要特征。消费时代商品竞争加剧，包装在商品营销中的作用越来越明显，仓储式超市消费模式的普及，使商品竞争转化为"包装"的竞争。商品的宣传商品和企业形象的塑造越来越注重"眼球效益"的价值。

随着品牌意识的加深，企业包装更加重视与广告公关等其他传播方式的合作。在日益激烈的市场竞争中，包装企业更加关注系列化、个性化的包装，这些包装不仅能够全面地反映商品信息，并且也成为宣传企业品牌形象至关重要的一部分。在品牌意识下的产品包装已经不再具有独立性，它开始肩负着宣传企业形象、提升品牌知名度的重任。如以"麦当劳""肯德基""可口可乐""宝洁"等为代表的跨国连锁企业，尤其注重包装的系列化设计与品牌建构的关联。

不同的消费者有不同的消费需求，消费时代的商品变得越来越多样化、层次化，从而也给包装产业带来了许多新的设计思路与发展空间。产品包装不仅拥有广大的受众，它还不断地受到潮流的影响，又反过来影响着时尚，成为一种特殊的宣传媒介。近些年来，对包装视觉传达的研究越来越受到关注，包装设计对人的心理以及行为的影响也成为众多学者的研究重点，对于包装的广泛研究为其可持续发展带来了新的机遇与挑战。

四、信息时期

随着计算机网络技术的快速发展，信息时期悄然到来，信息技术的进步同样影响着包装行业的发展。新观念、新理念，以及新媒介、新材料和新技术层出不穷，使"包装"这一传统媒介面临着前所未有的发展机遇与挑战。例如，今天在包装上广泛使用的二维码，只要用手机拍照扫描，就能登录相关网站或者获得大量相关信息，在某种程度上满足了消费者深入了解产品信息的愿望。近些年出现在网络销售中的虚拟包装，由于只是用于屏幕显示，在实际销售中则采用相对低成本的运输包装递送。这种方式为厂家和消费者节约了成本，大大减少了包装的污染与浪费，促生了可持续发展的生产方式形成。

信息时代，包装产业的信息化建设主要包括包装信息数据库以及包装信息网络的建设。同时包装信息网络也应与国家政策网络、企业网络、电商网络等网络平台相挂钩，统一步调，协同发展。总之，信息时代背景下，人的生活方式以及消费观和销售、消费方式的转变，都正在改变着这个有着悠久历史的产业。

第二章　新理念引导下的现代包装设计

　　包装产业是制造业的一种，它与国计民生密切相关，同时也是我国国民经济重要的基础性、战略性支柱产业。包装作为商品的重要组成部分，其基本功能主要体现在对内装物的外观美化、安全保护、仓运便利以及价格增值等方面。在人们的日常生产与生活中，无论是日用品、消费品，还是工业品、军需品，只要有产品就会有包装，因此，可以说，作为一种配套性服务产业，包装产业是我国经济发展引擎的重要动力组件，产业发展状态能在一定程度上集中反映出上下游产业的发展动态，工业增速指标也在一定程度上成为国民经济增速的动态"晴雨表"。

　　当前，随着以互联网、云计算和大数据为代表的新一轮技术革命带来的深刻变化，我国传统制造业正在力推转型升级，特别是《中国制造2025》计划的深入实施，更为制造业转型发展提出了重大任务、带来了全新机遇、形成了巨大动力。包装产业作为一种服务型制造业和中国制造体系的重要组成部分，如何突破发展瓶颈、如何实现转型升级、如何提升产业品质、如何增强在国民经济与社会发展中的支撑度和贡献度，都是摆在我们面前的重要课题。由工信部、商务部发布的《指导意见》对此提出了战略性框架和原则性意见，形成了助推包装产业创新发展的顶层设计。

第一节　绿色包装与可持续发展

一、可持续发展理念下的包装设计

　　人类所居住的地球自然资源有限且生存的环境也有限，而我们人类却要在这里长期居住，面对这样的情况，我们必须坚持可持续发展观，坚持与自然和谐相处，坚持保护环境。中国传统哲学思想中的"天人合一"就强调了人与自然的统一，人类的行为必须和自然的发展规律相协调，要符合自然界万物生长的规律，道德理性和自然理性必须趋于一致。产生这个观点的前提是必须承认人类是自然界的组成部分，人类和世间万物一起构成了大自然，人与自然相互作用，人类在历史的洪流里繁衍生息，最终形成了当代人类的环境保护意识。现代设计作为意识性创造，属于上层建筑，经济的发展也在一定程度上推动着现代设计的发展与完善，现代设计不仅提高了我们的生活质量，改变了我们的生活方式，也影响了我们的生活环境，加速了自然界资源的消耗速度，对自然界的生态平衡产生了毁灭性的破坏。

就是在这样的背景下，绿色设计应运而生，被人们广泛推崇的绿色设计理念一时间成了跨地域甚至跨时代的设计理念，成为风靡全球的设计思潮。目前，许多包装大量耗费着自然资源，这些包装或不能循环再利用，或会分解出许多有毒有害的物质对环境产生污染，长此以往，在自然界形成了恶性循环。绿色设计这一理念是人们在关注环境、意识到要保护环境的时候产生的，并日渐成了一种文化。这种文化不仅关注着包装的材料，也关注着人与环境的彼此协调的关系，也是人们对自己造成的生态环境遭受破坏问题的反思结果。这种思想体现在现代包装设计上，就是要大力提倡绿色包装设计。推崇包装的时候采用绿色材料进行绿色包装，倡导绿色文化是包装设计课程中不可或缺的课题。

绿色文化的出现是对传统观念的推翻和重塑，是一种观念的变革，也是一种理想型的设计文化，它对包装设计师提出了全新的要求，要求设计师们摒弃之前那些标新立异的"创新性"思想，把创新性的思维放在更有用、更有意义的地方，用更加负责任的态度来对包装进行设计。因此，包装设计师需要有极强的环境保护意识和责任感，在保证包装的结构、功能之外，在充分考虑其印刷工艺和美观的视觉效果之外，尽可能地使包装简洁、经济、实用、合理。绿色包装设计不仅要求经济合理，在一定程度上降低包装的成本，还要求不会对环境造成污染，因此包装设计必须将人与环境的平衡关系放在第一位，以全新的理念对包装进行设计，用直接或间接的方式减少包装对环境产生的污染。

二、绿色包装设计的意义

绿色包装之所以为整个国际社会所关注，是因为人们认识到了产品包装给环境污染带来了越来越多的问题，不仅危害到一个国家、一个社会、企业的健康发展，影响到人的生存，还引发了有关自然资源的国际争端。绿色包装的必要性和积极意义主要体现在以下几个方面。

（一）减轻环境污染，保持生态平衡

包装废弃物对生态环境有着巨大的影响，一个是对城市自然环境的破坏，另一个是对人体健康的危害。包装废弃物在城市污染中占有较大的比例，有关资料显示，包装废弃物的排放量约占城市固态废弃物重量的 1/3、体积的 1/2。另外，包装大量采用不能降解的塑料，将会形成永久性的垃圾，形成"白色污染"，会产生大量有害物质，严重危害人们的身体健康；不仅如此，包装大量采用木材还会造成自然资源的浪费，破坏生态平衡。

（二）符合人们绿色消费思想

随着国际上大家环保意识的逐渐增强，绿色包装顺应着这个大趋势满足人们的需要。在绿色消费思想的推动下，人们越来越倾向于选择绿色产品，生产厂家制造的具有绿色标志的产品也更容易卖出去。

通过 WTO 协议中的《贸易与环境协定》，我们了解到，其实很多国家非常看重商品的包装，甚至还特地针对包装制定相关规定，并强制说明只有当商品包装符合进口国规定的前提下，才可以进入本国进行售卖，以法律法规的形式限制着商品的包装，并对其进行强制性的监督和管理。就拿美国举例，其法律就明确规定了甘草和竹席的材料不能被用作商品包装。也正是这个规定，推动着生产厂商去制造更加符合规定的包装。

（三）避免商品输出受阻

此外，绿色包装还有利于商品通过全新的贸易壁垒，成为重要的出口途径。目前环境问题越发严峻，国际标准化组织（ISO）针对此提出了相应的标准 ISO14000，并成了国际贸易中非常重要的非关税壁垒。"欧盟生态标志"在 1992 年也被欧洲共同体提出，并指出绿色标志必须要通过向各联盟国家申请的方式才可以获得，商品若是没有绿色标志，那么在对同盟国家进行商品输出的时候会受到一定的限制。

（四）实现包装工业可持续发展

想要包装工业走上可持续发展道路，唯一且最有效的办法就是采用绿色包装。现在可持续发展的经济所追求的是"少投入、多产出"的经济模式，也是集约型的经济模式，绿色包装可以使资源利用更加全面，让环境和人的关系更加和谐。甚至有专家指出，在未来，"绿色产品"将会引领整个市场潮流。而"绿色包装"自然成为社会持续发展的主要研究任务。积极研究和开发"绿色包装"已成为我国包装行业在新时代面对的必然选择。

三、绿色包装材料

从上述可持续发展观的要求范畴来看，包装设计实质上是被要求在整个大背景系统下来开展的，这个背景包括社会经济背景（意识到控制人口的同时改变生产、生活方式）、哲学理论背景（意识到走出人类中心主义、树立人与自然共存发展观）和生态学背景（意识到生态系统具有既定的物质流、能量流和信息流）。对于设计者来说，围绕这一背景，首先要解决的是包装材料的选择。

（一）包装绿色材料出现的影响

绿色材料的出现，首先会产生物理层面的影响，其影响内容主要有以下几个方面：

①使用模式上的改变。新型包装和传统包装相比，它可以改变传统包装的使用模式。众所周知，传统包装是一次性包装，使用寿命非常短，这是一种会对环境产生破坏的使用模式，用绿色材料制作的包装，则有效避免了这个问题，它可以重复循环使用，这不仅减少了对环境的破坏，降低了对环境的污染，而且还为工厂节约了制作成本，减少了资金的投入。

②绿色包装的出现，不仅体现了科学的进步，也表现出现代的包装更加人性化。绿色包装使包装结构更加合理，拆卸包装更加方便，这样减少了不必要的人力劳动的同时还节约了时间，无须使用工具，自然也避免了使用工具的时候对包装物的伤害。

③产品包装结构的优化也离不开绿色包装材料的出现。举例来说，针对一些大型的产品，倘若采用塑料进行包装就显得非常不合理且不环保，因此我们可以选择用塑料木材对其进行包装，对产品有一定保护作用的同时还非常环保，还可以使四块侧面形成坡面简化包装；同时，在底座和顶盖四周与侧板螺栓连接处的搭扣也可采用开口式设计，形成优质的包装结构，使得在紧固螺栓时只需旋松几圈便可完成，节省了装卸螺母的时间。

④绿色材料的发明，不仅可以使得商品包装更加绿色环保，而且更加有利于商品的保护和运输，给消费者带来更加舒适的消费体验。以功能性包装为例，功

能性包装的材料有很多，比如微孔透气保鲜薄膜、选择透过性包装薄膜、多功能热收缩包装薄膜等，它们要么在强度或耐热性上完胜传统包装材料，要么在韧性或阻渗性方面有着很好的性能，并且都属于无菌类型的包装材料，都可以使所包装的商品在无菌的前提下，不添加任何防腐剂或冷藏，最限度地保留了食材原有的口感以及营养成分，在方便运输的同时也增加了食材的保质期。

⑤包装功能的扩大也在一定程度上依赖于绿色材料。绿色材料和传统材料相比，在使用属性的方面有着或多或少的完善与改进，这种完善与改进自然也使得包装材料可以应用的物品范围更加广泛，内容也更加具有多样性。就拿纳米复合材料举例，与传统材料相比，纳米复合材料耐磨性更好，硬度更强，阻透性与可塑性等性能都有所提高，对一些需要防静电、防电磁、防爆炸的商品来说，就是一种非常好的选择。综上所述，绿色材料在传统材料的基础上还在性能方面有所提高，可以更好地满足消费者对包装的要求。❶

其次，绿色包装的出现对包装功能方面也有着一定程度影响，这种影响通常表现在商品信息的传达方面。

材料是产品包装的载体，有着将产品内容传达介绍给消费者的责任，同时，不同的材料具有不同的属性，不同属性又有着不同的特征表现，设计师们通过对其的了解利用，将它们和消费者心理结合起来加以考虑，最后达到某种艺术效果。包装设计不仅涉及艺术范围，还涉及技术范围，是设计师们在一定的审美理念的指导下，使产品包装达到经济价值和审美体验的平衡。包装是技术和艺术共同作用的结果，它具有一定的审美属性也具有一定的实用属性，针对包装所涉及的艺术属性，绿色材料的出现给了设计师们更加宽广的艺术设计空间，使包装设计更加多样化。

正如现在设计界兴起的数字智能化包装，它将成为未来包装的一种发展趋势，但是要将这种包装形式多样化，并用于实际的生产生活中，绿色材料、新技术就是一个非常关键的因素。因为，在数字智能化包装中，特别是生物材料的智能化，它将完全依托在这种生物材料的基础之上。所以对设计师来说，其思维、创意不得不受这种绿色材料、新技术的影响。

器械化和工业化的生产让人们开始追求天然的真实，开始追求自然美。在人们的这个偏好上，绿色材料完全与之契合，其出现赋予了之前机械化的单一的包装设计生命力，使之成为完全没有工业化影子的艺术设计，这在一定程度上表现出了人们的文化需求从工业化到人文化的转变。与此同时，绿色材料不是枯燥单

---

❶ 王敏. 国际食品包装新材料及容器 [J]. 中国包装，2007（2）：24.

一的，它还具有丰富性和多样性，可以满足消费者追求时尚、追求新颖的心理。因此，绿色材料符合当今文化的多样化特征，为人类在产品包装追求多样性提供了现实的可能；这种可能性又反过来促进了这种思想的发展，使人们更加注重包装自身的价值和对自然的追求。

绿色包装材料的出现对包装设计总是有或多或少的影响，这些影响建立在解决包装的功能性要求的基础上。在包装设计中，需要解决的首要问题就是保证包装的功能性。这个问题的解决办法有很多，比如对结构造型进行设计，对图形图案进行设计，都不失为一种好方法，只是这些方法都有一定程度的局限性，究其本质就是这些方法都试图从外观上对产品包装进行改变，完全没有涉及包装本身的特征特性。当代社会是一个讲究可持续发展、环保和追求绿色发展的社会，在这样的大环境、大背景之下，我们在进行包装设计的时候，要考虑到包装的环保性和节能性，这就需要通过包装的物质载体——包装材料来实现。

包装材料的出现对整个包装行业来说都是一个不可多得的机遇，它的出现给包装设计提出了全新的要求。绿色材料的产生，使得包装材料的种类更加纷繁复杂，也使得包装设计实践有了更多的创意空间和发展空间。要想在包装设计的时候更好地利用绿色材料，设计出具有创意的包装设计，就需要包装设计者有极高的专业素养，可以对材料进行甄别和选择，在包装设计的过程中充分发挥绿色材料的科学性及实用性，设计出实际好用的包装。

最后，绿色材料对包装设计科学性、审美性和适应性方面均提出了相应的要求，但根本点在于设计的创新性。要求建立在绿色材料基础上的造型、结构和装潢设计都必须善于利用本土传统的艺术风格特色，并加入鲜明的时代特征，以全新的视觉形象和文化冲击力，使绿色材料包装集现代与传统、实用与艺术于一体。

（二）绿色包装材料选择原则

社会发展至今，选材的重要性仍不可忽视，它是可持续发展观对包装材料的第一项要求，选材的成败关系到包装材料能否在可持续发展的基础上同时保持预计的经济效益。

在可持续发展观的引导下，包装材料的选材应当遵守的原则如下：第一，包装应尽量选择可循环材料，而不去选择传统的一次性材料；第二，对于那些不可循环但是又非用不可的材料，尽可能减少其使用的数量，再设计一个相对应的循环再生系统，对使用的材料进行焚烧或掩埋，且必须对其数量进行严格控制，使其处于不活泼的状态，也正因为如此，我们必须首先选择那些对环境友好、与环境协调性良好的绿色材料，这才是包装设计的大势所趋，也是解决环境问题的唯一出路；第三，在对包装材料进行选择的时候，尽可能地精简材料种类，这样不仅可以使包装进行加工的过程更加简便，还有利于包装的回收，使包装材料进行循环再利用，这样的理念在金属包装中应用最为广泛。此外，可自然降解的材料也是一个不错的选择，这种材料可以在光合作用下自发进行降解，最后被大自然所吸收，不会对环境有任何的污染。

依据绿色包装的定义和相关内容，对材料的选择也有相应的要求，即用材要最省，废弃物最少，能节省资源和能源；使用易于回收再利用和再循环的材料；使用能够易于处理的材料，废弃的材料燃烧能产生新能源而不会造成二次污染；多使用能自行分解的包装材料，不污染环境。

（三）可持续包装材料

图 2-1　陶瓷茶罐礼盒

在包装材料的选择上还可选用一些自然材料，如用纸、木、竹、陶（图 2-1）等，对它们进行雕琢加工，设计制作成各种包装物。或保持材料的原汁原味寻求自然之美；或略加修饰而不夺天然之美；或精雕细刻体现人文之美等，都体现出了设计中的环保意识和可持续发展观。再如，纸类材料是包装中应用比较广泛的一种材料，纸的主要原料是天然植物纤维，在自然界中会很快分解，并可回收再生，环境污染程度低。如今，许多包装设计都选用再生纸品，体现出现代人关注环境的意识在逐步增强。此外，使用自然材料，人还可以从这些材料的视觉、触觉的感受中亲近大自然，体会自然纯朴的气息，这也是包装体现出的对人性的关怀。

总的来说，绿色材料是指可回收、可降解、可再次循环利用的材料，对环境无害，或者至少把对环境的负面影响降到最低，尽最大可能节约资源，减少浪费。绿色材料应具有的必要特性如下。

第一，在材料的获取方面，无论是从石油中提取的塑料、金属中提取的墨水，还是用木头做成的纸和用复合材料制成的板材，在提取的过程中，都必须做好保护环境的工作，整个流程必须是符合可持续包装要求的。更重要的是，不应该再去开采一些珍贵而无法恢复的自然资源，如古老的原始森林。

第二，绿色材料必须是低毒性甚至是无毒的。这一要求贯穿着大部分包装设计的过程，例如，在纸张的制作中，最重要的就是纸张漂白和纸浆制作的过程，这其中会产生一些有害物质；对于墨水来说，制作过程中产生的大量可挥发性物质尤其令人重视，因为这些物质往往是有毒的；对于塑料来说，需要考虑的是塑料材料本身所具有的毒性。因此，必须正确处理这些有毒的废弃物，而处理的源头就是减少使用或不使用有毒的包装材料。

第三，绿色材料的制作应利用可再生能源。可再生能源包括太阳能、风能、生物能和地热能。由于包装制作和运输过程需要耗费大量的能源，因此，我们需要改进包装材料对能源的利用模式，以减少传统不可再生能源对环境造成的严重影响。

第四，绿色材料应是可被回收利用的。绿色包装设计中使用的材料都必须可以在某种程度上被重新使用，而这也是一种提高经济效益的方法，企业可通过材料回收来减少废品的产生。例如，从固体废料中找到有价值的金属材料进行二次利用，从而降低成本，并且提高材料的生产率。

第五，绿色材料应该是有机的。有机材料往往是可降解、可循环使用的，是一种理想的绿色材料。有机材料能够提示消费者自觉处理废料，如用来照料自己的花园；有机材料还能为企业提供新的发展思路，如有些公司把废弃包装作为自己的品牌与其他品牌的区别点，这是提高品牌辨识度的好方法，同时还能获得那些重视绿色环保客户的青睐。虽然有些公司还不能让包装变得完全有机，但是也已经开拓了有机包装材料的市场。

1. 有机材料

（1）竹子

竹子是一种优质的家居用品材料，因为它坚固、耐用、环保，并且材质轻巧。"负郭依山一径深，万竿如束翠沉沉。"竹子外形笔直、挺拔，质地坚硬又具有很好的柔韧性，且生长迅速，一直以来都是非常理想的建筑、编织材料。用竹子做包装材料，其优势主要在于：首先，竹子经处理后，就可以长久保存而不变形、变质，竹质包装是可被多次重新利用的，其生命周期很长，消费者在使用竹质包装的产品后，通常都会赋予包装以新的用途，而不是丢弃，而且即使被丢弃，也能很容易地被降解；其次，竹子本身的特点也使其成为一种良好的材料来源，由于竹节是中空的，可以作为天然的包装盒，且灵巧轻便，而竹条可以进行编织、竹叶可以用来包裹，再加上竹子具有十分优美的纹理、纯自然的色泽、清新的香味，因而，用竹子做的包装往往会显得独具匠心，十分引人注目，无疑能为其包装的产品增加卖点，成为绿色产品的优秀代言人（图2-2）。

图 2-2　竹制茶叶礼盒

（2）有机作物

以有机作物作为原料，可以保证包装材料纯天然无毒无害，且对环境也不会造成污染。比如玉米塑料，用这种有机材料制成的日常生活用品和其他工业品，都能够在使用后完全降解成二氧化碳和水。因此，人们又将玉米塑料称为"神奇塑料"。在 2005 年的日本爱知世博会上，日本的企业展示了玉米塑料制成一次性餐盒、饮料杯、食品包装袋、塑料托盘等由生产、使用到降解的全部过程。

与此同时，玉米塑料不仅环保，而且还能解决玉米因积存而产生的浪费问题，因为玉米在储藏两年后，就会产生致癌物质而无法食用，所以必须寻找另外的使用途径才可不至于浪费，而玉米塑料就是其最好的归宿。通常包装瓜果蔬菜的都是塑料袋或塑料薄膜，会造成难以降解的环境问题。塑料本身具有的毒性也会污染果蔬产品，而消费者往往会直接食用这些产品，尤其是用保鲜膜包装的鲜切水果、即食快餐、糕点之类的产品，这些都会影响到消费者的健康。

除了玉米，其他快速生长的植物、农作物的副产品，如香蕉皮、甘蔗渣等也能成为不可降解材料的替代品。农作物的废料常常会被焚烧掉，这不仅增加了温室气体的排放，而且也是一种资源浪费。用一些农作物的果壳之类的"废料"制成包装材料，如包装纸，既是对资源的有效利用，也是一个新的并且十分具有竞争力的市场，因为我们有非常多的这种"废料"。从市场的角度来看，使用这些所谓的"废料"制成的包装纸还能为产品提供良好的商机，如用香蕉皮制成的纸箱更具有新鲜感和独特性。另外，一些植物，如棕榈、洋麻，生长的速度快，且不需要太多的养分和水，也是很好的包装材料。

2. 木质材料

木材是种坚固的材料，能重复使用，可作为鱼、新鲜水果和蔬菜的包装。

木材应用广泛，在包装方面的用量仅次于纸。木材具有很多其他材料无法比拟的优越性，首先，木材机械强度大，刚性好，耐用，负荷能力强，能对产品起到很好的保护作用，能包装精致小巧的产品，同时也是装载大型、重型产品的理想容器。其次，木材弹性好，可塑性非常强，容易被加工、改造，可被制成多种不同的包装样式，也可达到多种造型要求，从厚实的板条箱、较薄的胶合板，到十分轻巧的薄木片，无论方形、三角形、圆形或不规则形，天地盖、翻盖还是抽板，只要能设计到，几乎都可以做到。最后，木材包装可被多次回收

图 2-3　木制红酒礼盒

利用，即使成为废品，也还可进行综合再利用。另外，木材包装带有淳朴的纹理和天然的色彩，无须再进行过多的外观设计，就具有很好的绿色环保形象（图2-3）。

当然，木质材料也有其不足，主要是易燃，长期使用后易变形、易被蛀蚀，而且大型木板箱大多不可折叠，易吸湿，不能露天放置，从而给贮藏和运输带来众多不便。同时，生产机械化程度也不高。更重要的是，木材资源日渐缺乏，亟须加以节约和保护。木质材料包装主要包括以下两种。

（1）盒装设计

盒子可用于运输散装和小包装的食品，为商品的保存提供了较好的条件。小型木盒因其古朴厚重的质感、精细的做工、考究的用料、精美的外观和多样的造型，经常被应用于高档消费品的包装，如茶叶、酒品的礼盒与保健品化妆品等，是一种具有极佳的观赏性和应用性的包装形式，并且很容易被消费者收藏或再利用。

由于原木的价格偏贵，为了节约成本，现在木盒多以胶合板、中密度纤维板来代替原木，既节约了成本，又获得了不亚于原木产品的质量。

（2）板条箱设计

板条箱包装灵活性很大，能根据情况进行相应的处理。板条箱通称围板箱，是一种可拆卸木箱，其长、宽是根据底部托盘的尺寸确定的，托盘大小、使用的木板层数可根据产品的大小高度来决定，这样能最大限度地提高箱体空间的利用率。围板箱不会因为箱体的部分损坏而导致整个箱体报废，只要是同一尺寸的木板，就可实现互换修补，这样可以在很大程度上解决木箱包装的浪费问题，节约木材资源。最后，围板箱在运输时可将围板折叠为双层或四层相连的木板，摆放在托盘上，这样就大大地减小了储运体积，能有效地降低运输成本。

3. 纸质材料

现在越来越多的包装设计采用纸质包装设计，这是可持续发展的必然要求，也是大势所趋。全世界对于纸和纸板的需求也处于不断上升的趋势之中，这是因为纸质包装是百分之百可以回收再利用的，纸所特有的可再生、可降解的性能使其成为了包装材料的选择中备受好评的一项，成为不可替代的环保材料。虽然纸质材料有诸多优势，但是纸这种材料在生产过程中也会对环境造成一定程度的污染和破坏，尤其是水质污染和木材的消耗。世界上对纸的消耗越来越大，所带来的环境问题也使人们不得不去考虑，如何对纸的加工过程进行优化和提升，使其尽早实现无污染；在资源层面，则需考虑优先选择可回收利用的纸。需要促进废纸收集系统的效率，减少能源的消耗和对世界森林的破坏。根据环境保护费用的换算，回收利用 1 吨的纸就相当于节省了约 1500 升的石油，而且 100% 的纸板回收还能大大地减少焚烧和填埋的压力。奥地利著名的 Manner 食品公司所用的糖果纸盒，通过采用 Scotchban 涂料处理过的防油纸，免去了以往的铝箔内衬，一年可节省 8 吨铝铂（图 2-4）。

图 2-4　Manner 糖果纸质包装

4. 可降解材料

可降解材料是一类能完全被自然界中的微生物降解的材料，其最理想的效果是能被完全分解成水和二氧化碳，达到对环境无毒无害的效果。

（1）蛤壳式包装

蛤壳式包装是由生态友好、可再生的甘蔗渣制成的。甘蔗渣是甘蔗的副产物，如果没有得到合适的利用，就会成为污染环境的固体废料。其实甘蔗渣可以完全被回收利用，是一种并不昂贵的能量原料。甘蔗渣用途广泛，不仅可作为燃料，经处理后还作为牲畜饲料，通过压模成形还能制成快餐盒、一次性碗碟。此外，由于其富含纤维，因而还可以用来造纸。把一棵坚硬的树变成柔软的纸张需要花费多少能量？比如使用竹子，需要花4倍的能量才能变成纸，这样的纸没有可持续性。而100%使用甘蔗渣制纸可以更为环保，并且用甘蔗渣做成的蛤壳纸盒不需要胶水。总之，甘蔗渣制成品有十分好的可降解性，一般废弃后，180天就可完全降解，不会对环境造成影响。

（2）未漂白纸

在使用可再生资源的造纸生产过程中，漂白是造成污染的主要来源之一，其中漂白过程中混入的"氯"具有很大毒性，因而要坚持无氯的包装。未漂白纸不产生有毒性的氯，有些通常使用二氧化氯来代替氯元素，因此减少了约90%的有害副产品。未漂白纸用于制造纤维的木料来自可持续的生态森林，而不是从原始森林中采伐获得，甚至有些未漂白的纸板箱的原料是全部采用回收的纸或者纸板制成的纸浆。

5. 可回收材料

可回收材料的使用是减少包装污染和解决垃圾焚烧、填埋问题的根源。可回收的材料具有更长的生命周期，能发挥更大的价值，能得到更多、更全面的利用，从而缓解资源紧张的问题，尽最大可能提高资源利用率。

可回收材料包括材料自身可以回收或材质可再利用的纸类、硬纸板、玻璃、塑料、金属、人造合成材料等，是包装体现其作为产品的属性的起始点，也是包装走向新生道路的"重生"点。利用可回收材料进行设计的包装设计师，就是赋予包装新生命的创造者。

（四）可持续包装结构简易化

1. 运用编织技术的包装

自古以来，编织就与包装有着紧密的联系。在远古时代，人们就懂得利用植物叶、树枝、藤条等编织成类似现在使用的篮、筐、麻袋等物来盛装运送食物。这样的篮、篓、筐、麻袋都是由韧性很强且结实的取自自然的材料简洁编织而成，上面没有多余的琐碎细节，表现出自然材料特有的质朴美感，细竹条的间隙通透、自然，食品放置于其中不易变质。从某种意义上来说，这已经是萌芽状态的包装了（图2-5）。

这些包装应用了对称、均衡、统一、变化等形式

图2-5 采用编制技术的包装设计

美的规律，制成了极具民族风格、多彩多姿的包装容器，使包装不但具有容纳、保护产品的实用功能，还具有一定的审美价值。

编织而成的包装具有以下优点：编织材料廉价并且能够广泛使用；编织材料能够降解，对环境无害；在某些特定场合，尤其是为了迎合中等消费市场时，编织包装能够给人一种传统的、质量优良的形象感。

当然，编织包装也有一些缺点，诸如防潮性较差，不能防止一些昆虫的进入或微生物的滋生，因此编织包装不适合用于需长时间储存的产品。

2. 包裹布的使用

提及包裹布的使用，人们一定会联想到影视剧中经常出现的场景。古代人们习惯将物品用包裹布包起，随身携带。到了当代，包裹布的使用却很少见，它已被其他的包装形式所取代。

在日本，包裹布仍然是一种日常使用的包装形式，通过一块四方布匹的折叠、打结，衍化出许多既美观又实用的包装方式。众所周知，日本是一个非常讲究礼仪的国家，无论是在影视作品中，或是亲身与日本人交往接触的过程中，我们都不难发现，在答谢或是问候亲朋好友的时候，日本人喜欢赠送一些礼品。而这些礼品根据场合的不同，或大或小、或轻或重、形态各异，但无论什么样的礼物，大多数情况下都具有精美的包装，而往往最普遍的包装用具就是"风吕敷"。细致严谨的日本人还根据包裹物品的不同形态，发明出了不同的包装方法，使一块普通的四方布产生了许多不同的包装效果。

3. 一纸成形的包装

在产品包装中，45%左右是用纸质材料，其包装形式主要以纸盒造型为主。纸盒包装的优点是轻便、有利于加工成形、运输携带方便、便于印刷装潢、成本低、容易回收。选用纸质材料，可充分发挥纸张良好的挺度与印刷适应性的优势，可通过多种印刷和加工手段再现设计的魅力，增加了产品的艺术性和附加值。

纸盒包装的基本成形流程是印刷、切割、折叠、结合成形。许多纸盒都是通过一张纸切割、折叠和非粘贴而成的，这种由一张纸成形的包装被称为一纸成形包装，在我们的日常生活中可谓随处可见，市面上大部分商品的包装纸盒都是一纸成形的。当我们在面包房购买糕点时，店员将蛋糕从冰柜中取出，放置在一张已经裁剪好的纸上，接着，通过折叠将四面折起形成包围的盒子，再通过纸盒四面和顶部锁扣设计将盒子封口固定，这样，一个带有提手的盒子便完成了。当我们在快餐店购买外带食物时，店员也会将食品放入已经折叠好的纸盒中，只需盖上纸盒的两面，并且通过固定，便完成了整个包装。这样的纸盒也是一纸成形的。

一纸成形的包装通常会预先裁剪好并且刻有折痕，这样在使用时便能精确又方便地折叠成形。纸质的包装能够回收再利用，大大减少了材料成本。一纸成形的包装主要有如下几种表现形式。

①弯曲变化，这是对面型改变其平面状态而进行弯曲的变化手法，弯曲幅度不能过大，从造型整体看，面的外形变化和弯曲变化是分不开的，同时面的变化又必定会引起边和角的变化。

②延长变化，面的延长与折叠相结合，可以使纸盒出现多种形态结构变化，也是常用的表现方式之一。

③切割变化，面、边、角都可以进行切割变化，经过切割形成开洞、切割和折叠等变化。切割部分可以有形状、大小、位置、数量的变化。

④折叠变化，面、边、角均可进行折叠变化。

⑤数量变化，面的数量变化是直接影响纸盒造型的因素，常用的纸盒一般是六面体，可以减少到四面体，也可以增加到八面、十二面体等。

⑥方向变化，纸盒的面与边除了水平、垂直方向外，可以作多种倾斜及扭动变化。

4. 赠品包装

当今市场的竞争日趋激烈，很多厂商为了占据市场，运用了许多促销手段，例如买一送一，以买一件大包装的商品送一件小包装商品或礼品的方式来吸引消费者，使之产生购买欲望。这种促销形式在超市、商场比比皆是，虽然这种促销形式能够促进销售，但商品包装随之也增加了一倍，成本也提高了许多。

因此，从降低包装成本、节约材料的角度，可以对包装结构进行适当的改进。将两个以上独立的个体包装设计成具有共享面的连体包装，将商品包装同赠品包装的独立结构连接起来设计成连体的单个包装，就可以节约两个面的材料。这一方法尤其适用于纸制包装。

第二节 基于"人性化"理念的包装设计

设计的根本目的是为人服务，满足消费者的功能和心理诉求，协调人与技术的关系，提升人的生活品质。作为与消费者发生直接联系的商品包装，在设计过程中应根据人的生理需求和情感需求进行发掘、整合和优化，体现在与人的行为相关的方方面面。例如，包装的提手、拉环、封口等设计，应考虑到消费者携带、开启、储存等的条件。如图 2-6 所示的水果袋装方式，就非常简单大方，还避免了水果间的相互碰撞。

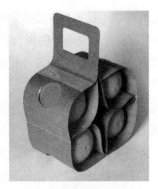

图 2-6 便携式水果包装

在包装设计领域，设计的主体是人，产品销售的对象也是人，包装设计既要基于专业角度的思量，又要面对市场和消费者的考验，以此为据提出"以人为本"的理念。

一、设计师视角的引导

在包装设计中，设计师是设计链条中的核心，具有设计者和消费者的双重身份。现代社会的商品琳琅满目，其包装样式也是种类繁多，有的包装极尽奢华，采用最先进的材料和印刷工艺；有的包装草草了事，只是尽到了保护商品的单纯功能；有的包装设计似乎做到了设计理念和包装工艺的统一，但真正打动消费者的不多。面对此种境况，人性化包装设计被提上了日程，设计者讲求以设计打动和温暖人心，以便更好地实现商品的销售。

作为设计师，以专业的视角和素养，扮演着引导消费潮流的角色，唤起大众对消费习惯和生活理念的关注，甚至可以提升大众的审美品位。作为消费者，察觉和体验生活中的需求，进而以专业视角进行分析。个性化包装是设计师面对琳琅满目和缺少变化的商品包装时，所提出的解决方案；个性化包装的诞生是设计师求新求变的专业需求，也是消费者个性张扬的需求，两种需求合二为一就产生了个性化包装的最终结果。这种结果既满足了作为设计师和消费者的需求，也丰富了包装设计领域的成果。

二、消费者主体的需求

消费者主体的需求分为生理需求和心理需求两大部分。生理需求是人的第一需求，即人的基本需求，是人赖以生存的基本条件。只有先满足了基本的生理需求，才会有其他更高层次的需求。在日益丰裕的现代社会中，物质产品极大丰富，消费者不再仅仅满足于生理需求，而产生了心理等层面的需求，这也是个性化包装的源头。

人性化的包装设计是从人的心理需求角度来探索设计的可能性。消费者通过选择个性化包装来获得归属感和认同感，来宣扬自己的与众不同之处，从而在心理上得到安全和尊重。因此，消费者主体的需求在某种程度上影响着个性化包装甚至是包装设计的发展趋势。要想设计出人性化的包装设计，首先要了解消费群体的心理、需求等，以便于不同的消费群体走进商品或超市，能在最短的时间内找到自己需要的商品，这就需要设计师通过色彩、结构、版式等元素传达商品信息；其次是包装结构使用的便利性，例如购买后的提携和使用，不会给消费者造成负担，反而会给人带来使用的愉悦感；再次是对于商品整体的五官感知，包括舒适的触感、让人放松的嗅觉体验、具有吸引力的视觉感受等，让人们在接触时能够身心愉悦。人性化包装设计不仅仅考虑包装的基本保护功能，而是从"人"的视角出发，了解人的需求，探索人的心理，符合人的感受，设计师需要将这些体验转换成各种物质元素呈现在包装设计中，与消费者需求相呼应。

第三节 民族化 —— 包装设计中的"传统味道"

传统民族文化是一个民族宝贵的物质与精神财富，长期形成的丰富的视觉元素已成为民族的视觉符号，体现了一个民族固有的特质，书法、皮影、剪纸、年画等中国传统艺术形式，因其鲜明的本土文化特色至今依然受到人们的青睐。利用传统符号作为表现元素，不仅能够体现情感的寄托和满足特殊商品的需求，还可以体现传统文化的价值和意义。包装的色彩、图案、文字、材料等融入传统元素与风格，多是为了彰显自身的文化，从而引发消费者的身份共鸣，以及不同民族消费者的认知。

一、设计中国风包装的意义

随着中国经济的快速发展及消费市场的繁荣，现代消费已不再仅仅停留在购买活动本身，而是上升为一种社会文化现象。消费的档次、样式、色彩等选择也体现出消费者的更高层次的品位要求。当人们对"西风""和风"以及"韩风"的追逐回归理性之时，人们对挖掘中国传统元素并将其应用于产品包装设计投入了越来越多的关注，民族化包装也日渐受到人们的青睐。对中国的设计界与企业界来说，如何设计出"中国风"产品并将其成功地推向市场，已成为企业在国内、国际竞争中的重要设计战略。

中国是有五千年文明的国家，传承下来的文化因子数不胜数，对传统元素的应用和对传统精髓的把握，是设计师取之不尽的设计宝库。但是传统元素的应用，并不是把传统的元素直接移置到现代设计里，而是从博大精深的传统文化中吸收形、神、色等的精髓，并融合现代包装设计的技术工艺，在此基础上寻求具有民族风格的设计创新思路。

从消费者个体来说，民族化的包装可以让部分消费者产生认同感。现代工业化的钢筋混凝土中，各种商品铺天盖地，让物质生活极大丰富的同时，引发了人们内心有对纯朴拙真的渴望。民族化包装设计的出现引起部分消费者的共鸣，迎合了他们的需求，并产生购买消费的结果。从更高的层次来讲，民族化包装设计不仅仅是设计领域的问题，更是国家走"中国创造"之路的方式之一。我们国家现在处于"中国制造"的阶段，包装设计处于初级阶段，要实现文化多元化和迈向国际化，就必须进行民族化包装设计的探索和创新。在区域文化激烈碰撞下，设计师必须要以本民族文化为根，吸取外来文化中的可取之处，才能立于国际设计舞台。从近几年世界级别的包装竞赛可以看出，获得国际奖项的中国设计师的作品，无一例外都是以中国传统文化为切入点，采用传统材料或传统工艺，展示了我们传统文化元素中的优秀基因。

总之，民族化的包装具有经济活动和文化意识的双重性质，它不仅是获取经济效益的竞争手段，也是商品包装企业文化价值的体现。这也要求我们的包装设计要形成一种中国精神和具有识别性的独特气质，而不是表面化的图解传统和生搬硬套的设计应用。一味沉溺于传统符号的表层会使我们迷失在昨天和今天的断层之中，不利于我们在包装设计领域真正实现由"制造"到"创造"的本质性转变。

二、民族化包装设计的形式和语言

包装设计活动本身离不开相应社会价值观念的约束，它根植于一个民族的处世态度和生存哲学之中。民族化包装设计为了能够合理地运用现代的包装设计手法，表现民族化的设计风格，通常会在民族化的包装设计过程中形成和发展自身特有的形式和语言。

（一）名称

产品的名称如果与产品的属性、社会习俗相协调，则可以使人产生联想，并体现民族语言的特色，加深消费者对产品的印象。具体到产品包装上讲，其名称的设计要与产品特征、属性相结合，绝不能生搬硬套。如国内的金六福（图2-7）、美的、汇源、娃哈哈、农夫山泉等商品名称，都能使人产生一种美好的联想和回味，在一定程度上也加深了消费者对产品的印象。

图 2-7　金六福

（二）造型

中国传统造型，一般都是以自然物的基本形态为基础，对其进行概括提炼和组合，按创作者意图进行选择搭配，并按照形式美的法则加以塑造，以达到圆满、流畅、明丽等优美的效果。

在包装设计中，不少包装造型从传统造型中汲取营养，来展示其中国风貌。设计师经常会通过模仿青铜器、瓷器的形态以及民间葫芦等的形体结构，来设计一些调味品、民间特色小吃的包装形象。这些包装不仅外观形象具有传承性，而且具有深厚的民族文化底蕴。比如"酒鬼"酒的陶罐造型，秉承了我国陶土文化的精髓，给人以纯朴敦厚的视觉和心理感受，使"酒鬼"酒拉开了与同类产品的距离，赢得了市场（图2-8）。

图 2-8　"酒鬼"酒的陶罐造型

（三）材料

传统包装材料的选用以方便、环保为基本准则，如竹篾、木材、植物藤条、荷叶，等等。另外，丝绸、绳线等的使用在"中国风"包装设计中也显示出了其特有的功能，既能够起到开启、捆扎、点缀画面的作用，还能凸显民族文化特色，拉近与消费者的心理距离（图2-9）。

图2-9　茶·点心包装

（四）汉字

中国的文字有叙述的功能，也有装饰的作用。书法艺术源远流长，字体变化无穷，整体而统一，具有极高的审美价值和艺术特征。篆书古朴、高雅，隶书活泼、端庄，草书潇洒自如、气势灵活，黑体粗犷、醒目，各种字体具有不同的特点，在包装设计中要恰当地运用各种字体，体现出设计语言的符号性特征，并遵循以下原则：书写方式打破常规；文字处理形象化；设计书法通俗化；设计形式简洁化；细节处理要精彩。这样可以使之和产品相互呼应，达到锦上添花的效果。

（五）图形

我国传统图形因具有鲜明的地域性和民族性特色，而尽显中华民族个性。我们要汲取传统图形营养，首先要以切合包装设计主题为前提，可以借用相应的具有象征意义的传统图形来表达某种意趣、情感，或是对传统图形的某些元素进行转化、重构，或者将传统的设计手法渗透于现代的图形设计之中，使其既富有传统韵味，又具有时代精神。

在包装设计中恰当运用云纹、凤鸟纹、彩陶纹和白鹤、双鱼、泥人等传统纹样和图案，可以突显该地区的民族特色。还有如"红双喜"常应用于婚庆包装，牡丹用于月饼包装表达富贵（图2-10），"万寿纹"用于贺寿礼品包装等。

图2-10　月饼礼盒包装设计

（六）色彩

中国民间用色素有"红红绿绿，图个吉利；粉笼黄，胜坛光"等口诀。在包装设计中，设计师常常对远古时期人们所喜欢的某个特定的色彩情有独钟，通过选择其作为包装的主要色彩，以提升现代商品的文化价值。例如，节庆时期，食品礼盒多采用中国传统的颜色——红色作为礼品包装的主要颜色，既可以营造节日欢快的气氛，也可以引发消费者产生联想，达到宣传商品的目的。

三、民族化包装设计的文化特征

包装设计风格的形成，除去主观因素的作用，更多地依赖于社会、经济技术条件以及文化的语境。借助文化分层理论，我们可以深入到风格背后的组织机制、社会形态以及宗教信仰、价值观念的层面，全面探讨包装设计风格形成所依存的各种外部条件和支配逻辑。准确地把握中国传统包装具有的特征，对于解决正在发展的"中国风"包装设计中所出现的某些问题，具有十分重要的意义。

（一）生活经验驱使

我国传统包装从选材的扩大，到工艺的改进，得益于人们对自然界认识水平的提高和科学技术的进步。人们在长期的生产实践中，逐渐认识到了草茎、树皮、藤等柔韧性植物可以用于纺织，所以用稻草、芦苇、树皮、藤等编织成绳子、篮子、筐子、箱子，这些东西在古老的包装中扮演了十分重要的角色，成为中国古代包装中主要的用材和形态。与包装所使用材料的不断扩大和增多所表现出来的特征相同的是：包装制作过程所运用的工艺进步以及包装所发挥的作用、效用愈发重要，这也与人类社会的发展同步。

（二）突出地域特色策略

随着人们生活水平的不断提高，消费者越来越看重包装设计所蕴含的文化内涵。许多地方特色商品，多以其风土人情符号作为宣传重点，在包装设计中借助典型的地域性图形、文字、色彩、材料等表现元素强调商品特色，以提高产品的认知度。例如，北京特产"蜜饯果脯"，其包装设计就采用了京剧、名胜古迹、地标建筑等视觉元素来体现浓郁的北京地域特色。

第四节　基于用户体验的交互式包装设计

包装设计的发展过程也反映出了人类文明与科技的发展。包装从远古时期起源，原始社会的人类用自然界中寻得到的有效材料来包装物品，如葛藤、叶子、贝壳、兽皮等，这时的包装主要是起到保护、存储、方便运输的实用功能。待生产力与技术有了一定发展之后，人们用编制的筐篓、煅烧的容器来盛装物品。这一时期的包装在艺术方面已经呈现出对称、均衡、统一变化等形式美的规律，除了基本的实用功能，还兼具了审美价值。伴随着工业时代的来临，出现了多种可利用的包装材料，如玻璃瓶、金属罐、纸箱、纸盒等，大大丰富了包装设计的应用范围，包装除了基本的实用功能、审美价值以外，还起到了说明产品、招徕顾客的作用。

进入 21 世纪，商品的种类随着人们日益提升的物质生活和精神生活而丰富起来，商品消费形态从卖方市场向买方市场转变，用户对包装的要求也逐渐提高，他们渴望"参与""体验"和"感受"，交互式包装设计正是在这样的时代背景下悄然而生的。

一、交互式包装的定义

随着社会的发展、人们阅历的增加，仅以图像、文字等形式呈现的简单包装已经不能达到吸引用户、促进消费的目的。在这样的前提下，交互式包装设计渐渐兴起。它是集可用性工程、心理学、行为设计、信息技术、材料技术和印刷工艺等于一身的综合性设计学科。与传统的包装设计相比，它最大的不同在于注重用户与包装交互过程中的体验，简单地说就是产品包装不仅要有"功能"上的作用，还要有"体验"或"情感"上的作用。这种交互关系能让用户倾注更多的注意力于包装之上，同时还达到了吸引用户的目的。

二、交互式包装兴起的背景

交互，顾名思义，交流互动的意思，我们生活的社会交互无处不在，离开了交流互动则寸步难行。

以我们一天普通的生活、休闲、工作为例，清晨被闹钟或手机的铃声叫起，起床洗漱蹲厕所，男人剃须女人化妆，钻进厨房做个简单又营养的早饭，然后拎包坐公交挤地铁或走路或开车，进了公司刷卡上班，打开电脑使用各种应用处理一堆的文件资料，与上司、同事交流工作上的不同观点，使用网站、软件、消费产品、各种服务的时候，实际上就是在同它们交互。例如，每次拿到新买的产品快递，首先与我们发生交互的就是产品的包装——看到包装、打开包装后才能看到产品。我们一天当中不知道与多少的产品或服务在发生着这种关系，使用过程中的感觉就是一种交互体验。

随着现代社会的发展，传播媒介的更新速度已经大大超越了人们的想象，使得信息在传播中人的因素发挥的作用越来越大，以前消费者处于被动接受的状态，无法与产品之间做到直接的交流，而如今，随着高科技的应用与传播，使得人与物之间的交流成为双向的、直接的。在整个信息传播的过程中人不仅仅处在接受者的状态，而且处于参与者的状态。这样通过产品这个媒介能将传播者和接受者之间的交流变得更加直接和频繁，二者相互影响和相互作用。

三、交互包装的设计原则

（一）可用性

包装也是构成产品质量的一个环节，一个合格的包装，其设计的前提必须是可用性。可用性是交互式包装设计的最基本要求，也是最低要求。不能用、不可用的包装最终会被替代、淘汰。例如，早期的饮料大都是用玻璃瓶灌装的，但是由于玻璃质量大、易碎，非常不利于运输和销售，所以才有了塑料包装的大量应用。

（二）易用性

交互式包装设计的易用性原则体现在包装的实用性和便利性上。需要设计师从用户的角度考虑，参考用户心理需求、生活习惯、人机工程学等因素设计出符合用户使用习惯的包装设计。易用性是更高一层次的设计原则，对提升用户的产品认可度具有重要作用。

（三）宜人性

交互式包装设计的宜人性原则强调的是"以人为本"的设计思想，是交互式包装设计最高层次的设计原则。优秀的交互式包装设计应该从用户的情感需求入手，将情感融入包装之中，通过在用户和产品之间建立良好的情感交流来满足用户的精神需求，使用户产生共鸣。

四、交互包装的类型

"交互式包装设计"包括功能包装、感觉包装和智能包装，这一新的概念的产生，已经超出了单纯的印刷图像的范畴，而是成了产品的一部分，甚至于产品的本身。这种包装能给消费者带来强烈的互动感，这样就刺激了消费者的消费欲望，所以这也能给企业带来可观的利润。现在在市面上已经可以看到一些这样的包装，如带有气味的包装、带有纹理质感的包装。在包装不断多样化的同时，交互式包装又给包装领域注入新鲜的血液。

（一）功能型包装

常见的功能包装，如抗菌保鲜包装、防腐蚀包装等，是用来解决与内容物相关的包装问题的一种科学方法。一是可以有效地避免内容物被干扰，起到保持内容物稳定的作用。例如采用真空包装的食品，是将包装袋内的空气全部抽出密封使微生物没有生存条件，以达到防腐保鲜的作用。二是为了消除产品自身的某种缺陷和不定性而设计的包装。像防腐蚀包装就是为了应对内容物的腐蚀性，而采用抗腐蚀材料而制成的。

举例来说，比如罐头的真空包装盒，应用这样的包装可以使易于变坏的产品能在货架上保持更长的时间，罐头在真空状态时，盖子上的小按钮是不会弹起的，一旦漏气了，盖子上的小按钮便会弹起，提醒消费者不要购买。还有一种功能型的包装是通过某些配件改善包装本身的缺陷，如在包装盒的封口处加上排空气和气味的装置，这样的包装加附件同样可以延长产品的保质期限。功能型包装可以有效地延长产的保质期限。

如图 2-11 中 Granti 设计公司设计的酒瓶。因为葡萄酒本身已经非常完美而无法再改进，设计师就考虑如何让葡萄酒保持这种完美。所以他选择使用 35 毫米厚的不锈钢作为标签，可以让葡萄酒在 30 ～ 60 分钟内保持在适宜的温度，这种功能性的交互式包装设计有助于保持葡萄酒的品质。

（二）感觉型包装

感觉包装主要是通过借助一些设计视觉效果、气味、纹理等，可以让消费者在直觉上感触到产品包装，从而使得用户对产品建立一个外部的总体感受。功能型的

图 2-11　Granti 设计公司作品

包装的使用主要是为了保护产品或者更长时间地保持产品的新鲜程度，从而使产品更完好地到消费者的手里。感觉型包装是从外部给消费者一种直观的感觉，通过这种直观的感觉使消费者能了解到此产品的众多主要的信息，如气味、外包装的机理效果和包装上面的图案视觉效果等。

例如，看到一个有趣的视觉形象会让用户情绪得到愉悦和放松，提升用户对产品的好感度。或者有的设计将食品的气味融合在包装材料上，通过嗅觉的连接使用户和产品之间建立起交互的关系，再比如说，一些食品产品的外包装通过食品的气味来吸引顾客，如烤面包、烤肉、爆米花等可以提取气味的食品；有的是直接通过食品散发出来，这种食品一般是即买即食的食品；还有一种是将食品的气味提取，以特殊的材料涂抹在食品的外包装上，这样里面的食品得以完好保存，顾客还能通过外包装感受到食品的美味。还有一种包装是可口可乐公司的促销装，它的中奖信息在包装瓶环形广告内部，消费者只有购买后将可乐喝完一半的时候才能透过瓶身看到环形广告内部的中奖信息。利用这种包装来进行促销，激发了消费者的消费欲望，又提高了产品的销量。

如图 2-12 中 Backbone 品牌设计公司设计的咖啡杯。设计师利用有趣的咖啡杯推广餐厅品牌形象，在杯子上画上人脸的表情，用户旋转外层包装就可以随意调整杯面人物角色的表情。这个创意的初衷就

图 2-12　Backbone 品牌设计公司作品

是希望通过每日所需的咖啡来转换用户的心情，使其可以积极、乐观地面对生活。

（三）智能型包装

智能包装主要是利用包装材料的光敏、电敏、温敏、湿敏、气敏等特殊性能来识别包装空间内的光照、温度、湿度、压力等重要参数。或者通过内部的传感

元件、高级条码以及商标信息系统，来跟踪监控产品，从而为用户提供更为精准的产品数据。

也就是说，它可以在包装的内部包含大量的产品信息，它将标记和监控系统结合起来形成一套扩展跟踪系统，用以检查产品的数据。监控的序列号或者科技含量更高的电子芯片嵌入在产品的内部，使其产生更高级、更具精确度的跟踪信息。比如，在运输水果或者海产品的过程中，由于运输条件、温度气候条件的影响，难免会使一些产品变质，这时如果在运输的时候使用功能型包装，便可以防止其变质；但这只能说防止其变质的可能性大大降低，对于有些不可避免的损害，如果单纯地只用保护型的包装，可能内部损害了而外部看不见，这将使消费者和商家都有所损失。所以在这类产品运输时加上智能化的监控系统会更好，如在包装内部加个温度感应或小型细菌数量检测器，通过显示屏在外部呈现出来。这样即使包装完好、内部产品变质损害了，通过外部的显示屏也能显示出来，便能及时地停止该产品的销售。当然这种包装还是极少数，因为它造价较高。但是随着科技进步，该类包装会慢慢得到普及。目前，市场上这种可跟踪的产品包装较多地运用在数码产品领域，如苹果公司的 iPhone，号称不会丢的手机，主要是因为其内部安装了卫星定位装置，不论在手机开关机、有无电池的时候都能正常运行，用户只需一个配套的产品序列号和密码就能查询到手机的位置，这算得上我们生活中比较高端的跟踪式包装。此外，还有品牌手机的售后，以往手机坏了，去维修点维修都要出示保修卡、发票证明等单据，而现在不论消费者是在哪购买的手机，需要维修时拿着手机直接去就行了。维修点根据用户手机内的序列号，就可以准确地查到手机的各项信息，非常方便快捷。

如图 2-13，日本的设计公司 To-Genkyo 设计了这样一款沙漏形状的标签。标签含有特殊的墨水，使其会根据肉类排放的氨气量而改变颜色，肉储藏的时间越久，释放的氨气就越多，标签的颜色就变得越深。当肉已经变质不可再食用时，标签会变暗到条形码无法扫描的程度。标签沙漏形状的设计，象征了时间、新鲜度的流失，以直观的图像将信息传达给消费者，这种交互式包装设计为用户和产品之间建立了正面、积极的沟通。

图 2-13　具有新鲜度指标的肉品包装

五、如何使包装具有交互性

交互关系的建立是通过包装中的体验设计是来实现的。包装围绕"交互体验"这一主题展开设计，需要设计师从产品和用户两个方面来捕捉创意的灵感。可以以产品的特征、用途、用户使用产品的行为、情景为出发点，设计出能够引发用户情感共鸣、塑造独特感官体验的交互式包装设计。较为常见的交互关系构建方法有感官刺激、开启方式、情景交融等。

（一）感官刺激

亚里士多德将人体的感官分为五种，即视觉、触觉、听觉、嗅觉和味觉。设计师可以以从这些感官刺激入手，将产品的信息传达给用户。比如，带有果味香气的食品就是利用嗅觉刺激让用户非常便利地分辨所选商品的口味；带有凹凸质感的盲文酒标就是利用触觉刺激，让用户了解商品信息。

（二）开启方式

包装是商品的外衣，开启包装是用户在取得感官印象后的下一步动作。开启方式的交互设计可以从开启前、开启中、开启后三个阶段进行设计。开启前要对开启部位进行设计，保证开启装置美观、易用且显眼，让用户可以轻易找到开关并打开包装。开启中就是用户打开包装的过程，这个展开的过程要以方便用户为出发点，体现出对人的关怀。开启后要让用户对商品产生后续的思考和情感上的互动。优秀的包装开启方式的设置，能够体现设计师的专业水平，提高产品的档次，提升产品在市场上的竞争力。

（三）情景交融

当今社会对包装的需求已不仅仅局限于使用功能一项，用户更希望能在包装中得到情感的满足和享受，所以交互式包装设计要注重以情感为依托，融合环境、场景等因素，赋予包装更高的情感价值，使其具有实用艺术和情感互动的双重作用。

六、交互包装设计的作用

（一）提升品牌价值

优秀的包装设计是产品和用户之间沟通的桥梁。就像人的着装风格可以体现其个性一样，包装也可以体现产品品牌的个性。和普通包装相比，交互式包装更加人性化、更加易于在产品品牌和用户之间建立联系，给予用户高档、亲切的感觉，这样才能激发用户深入了解商品的愿望，并将商品信息清晰地传达给用户，进而加强用户对品牌的认同、提升用户对品牌的忠诚度，才会形成强有力的市场竞争力。

（二）使包装更环保

随着商品经济的发展，包装的使用量日趋增大。有关资料统计显示，包装废弃物在城市污染中占有较大比重。而包装的可持续再利用可以有效减少包装废弃物对环境的污染。包装的可持续再利用是指在进行包装设计之初对包装的基本功能以外的延伸功能的设计，需要设计师展开设计思维，从环境保护的角度出发考虑包装的延伸用途。比如，可以作为笔筒使用的酒盒包装，可以作为栽培容器的包装盒等。这样，包装就不仅是局限于用来运输和展示葡萄酒的容器，交互式的设计赋予了它更高的使用价值。

（三）保护用户利益

交互式包装所采用的新技术、新工艺、新材料使其具备了防伪的作用，而且比普通包装更加复杂和难以复制。例如，从包装容器本身的结构设计入手，利用难以复制的结构设计使其成为不能重复使用的破坏型包装。还有利用科技手段在包装中植入芯片，用户可以使用智能手机中安装的相关应用软件来进行识别，确认产品的真伪。交互式包装的这种防伪功能既能保护生产商和用户的利益，还能增强用户对产品的信任度和安全感。

（四）提升用户满意度

人们在度过了对产品量和质的需求时期之后，对产品又有了情感的体验诉求。这种转变使包装既属于实用科学的范畴，又属于美学和心理学范畴。那么，

63

在商品高度同质化的今天，如何使商品能够脱颖而出，令人印象深刻呢？交互式包装设计的趣味性和互动性可以很好地解决这个问题。设计师需要了解用户的心理需求，通过富有情趣的交互式包装方式，激发用户积极地响应包装的互动体验，从而表达出对产品的肯定态度和购买倾向。

第五节　概念设计方法引入包装设计

当前人们处在一个时尚激进与多元文化并进的时代，包装设计需要更多的新概念，概念包装设计作为一种最丰富、最深刻、最前卫、最能代表科技发展和设计水平的包装设计方法，体现了丰富的表现力。概念包装设计从功能、储运、展示、销售、结构、材料、工艺、装饰等可供研究、试验、表现的方方面面，根据需要的目标主题，做到有据可依地进行设计，提炼出概念主题，进行深入开发，使得设计有相当的深度，表现出当代最前沿的设计思想和设计水平，符合科技发展的水平，从而带动相关技术课题的进步、推动相关行业共同发展。

一、概念设计概述

概念性包装设计是在原包装设计的基础上衍生出的一种探索性的、创新性的设计行为，其基本目标是研发出概念包装，终极目标是开发出一种新的、符合人类健康发展的包装设计。简单来说，概念性包装设计是一种预知性的成果，是包装设计者对包装设计构成的一种前期设计方案。在生活方式日新月异的今天，概念性包装设计作为一种新的包装形式，可以引导出一种新的生活方式及健康的消费形式。而国内外的包装设计者也正在探究这一新的包装设计形式，希望引起更多人对这一包装形式的重视，激发创新意识。

概念包装设计的价值在于带动包装行业的时尚新演进，使包装朝发展的、前沿性的效果进行表现，能够更好地把握市场，引导消费者、改变使用方式和生活。如今概念包装已成为具有社会性意义的研究课题，并显示出设计者的责任意识。

另外，从概念设计的层面来看，其理论结构是展示科技实力和传达最新的设计观念，并且艺术性极强、极富吸引力，代表了包装设计的前沿，主导着包装设计的发展潮流。即概念包装设计既有艺术性，又有科学性，它们表现在设计的不同层面上，共同构成了概念包装设计的整体。

二、概念包装与包装设计的相互关系

一般说来，概念设计由许多艺术形式、设计要素构成，是基于应用设计不同层次的设计观念，是设计整体的一个组成部分，可分为三个方面。

第一，从概念包装设计的功效方面来说，它是包装设计的技术基础，主要包含了设计要素的物质载体，它在具有基础功能性、易变性特征的基础上努力满足新的需要。如各种包装设计应具备的承载商品、保护商品、储运商品、销售商品的功能以及消费者在使用包装产品中的消费行为等，都是概念包装所涉及的，这个层面可以形成独立的设计研究体系。

第二，从概念包装设计的视觉方面来说，这是概念包装设计的形态表现，也是概念包装设计基础的视觉物化。它具有较强的时代性和连续性，主要包括商品品牌、展示商品、形象装饰、商品广告内容的协调设计系统，以及各要素之间的关系，遵循社会市场规范、法规制度、消费群体，判断市场消费需求，规范设计并矫正设计方向，使之处于主要地位。在这里概念设计探求的是其具有的发展过程、动态和趋势，在有限的空间里寻找新的突破。

第三，从概念包装的领先探索方面来说，它是一种发展状态，所以也可以认为是创作的意识流露。它处于前沿和领先地位，是依据设计系统各要素中一切活动的突破、科技的发展、生产力的提高和思想意识的进步所带来的对包装设计创新的需求，主要表现在生产和生活观念、价值观念、思维观念、审美观念、道德伦理观念、民族心理观念等方面的新认识。它是设计结构中最为前沿的部分，也是设计的动力；它潜在于人的内心深处，并渴望发展变化，最终会直接或间接地在应用层上得到表现，并由此得出概念包装的发展和规律，从而吸收、改造社会发展的未来，引导设计的发展趋势。

三、概念包装设计实例

如图2-14，这款限量版酒瓶是世界著名的苏格兰威士忌品牌尊尼获加（Johnnie Walker）专门为中国2017年春节设计的。产品750毫升，限量推出888套。尊尼获加通过限量版设计传达了"永不止步"和"激励个人进步"的理念。通过尊尼获加发布中国特色产品这一举动还可以看出，数千年以来，中国极大地推动了文化的繁荣和发展。

图 2-14　尊尼获加"致敬华夏创造不息"的蓝牌威士忌

　　如图 2-15 中，瓶及包装设计者决定在设计中融入曲流形态的赤水河。其优美的曲线不仅可以在视觉上传达出柔和的感觉，而且还能邀请人品尝其中的内涵。赤水河千回百转，汉朝汉武帝赞其"甘甜可口"。包装上的河流从瓶口蜿蜒至瓶底，象征着赤水河的流动与成长，这也是茅台醇的独特精神和宝贵财富源泉。

图 2-15　获得 2018 德国 IF 设计奖的"茅台醇"

第三章　现代包装的造型与材料设计

　　包装造型设计，包括对包装外部造型和内部结构的设计。在设计中，要追求内外造型关系的平衡、和谐、统一，同时要重视造型中所蕴含的风格及寓意的表达。另外，造型设计离不开对材料的选择、试验，甚至是创新式的表现。包装造型设计与材料运用是不可分割的，两者间的不同搭配关系可以形成各种不同的效果，风格和品质感也因此而不同。所以，在包装设计中除了要重视包装造型的塑造外，也应充分地重视造型材料间的关系处理。材料是包装设计的载体，除其本身所具有的美学特征之外，还可以通过人类的能动作用对其进行处理，从而更加具有超出天然的艺术特色。所以在包装设计中，材料对设计的原创性表达有着非常重要的关系和影响。

第一节　包装容器及其造型设计

一、包装容器概述

　　包装容器是承载商品的固体容物器具，现代包装容器主要分为纸容器与非纸容器两大类，包装容器在流通、储运和销售等环节为商品提供内容保护、信息传达、方便使用等服务。包装容器的造型和结构对商品运输和销售影响很大，其结构性能将直接影响到包装的强度、刚度、稳定性，进而会影响到其使用功能。纸盒包装是指将纸进行切、割、折、插、粘等工艺，使其成为具有三维立体感的商品包装盒。随着环保意识的加强，人类对纸这种环保绿色材料的开发与使用进一步加强，许多发达国家相继研究出纸的多种深加工方法，在拓宽纸质包装发展领域的同时，也加快了纸质包装发展的速度。

　　此外，包装容器的种类很多，从大的方面可分为硬质和软质两大类。硬质材料主要有玻璃、陶瓷、金属等，通过模具进行热定型处理，加工成瓶、罐、盒，此类容器不易变形，被广泛运用于酒、饮料、化妆品、医药、化工等要求防氧化、防水、防潮、防腐蚀的产品上。软质包装容器主要是以质地软、易折叠的纸质材料、软塑材料、纺织材料、编织材料等为原材料制作的盒、袋等包装容器。

其中硬质容器可从以下几个方面来区分。

从材料上可分为：陶瓷、金属、塑料、竹木、玻璃、纸类等，而纸类中的纸盒属于纸容器类，是包装设计中极其重要的一块，一般将其单列出来研究。不同的商品需要用不同的材料进行包装，这要依据商品的特征及要求。一般来说，金属容器、竹木容器及纸类塑形容器因各自的制作成本、制作工艺及可塑性等条件的限制，使用及设计余地相对较少。塑料及玻璃容器最具可塑性，因此，市场份额占有率较高。从用途方面可分为：酒水类、化妆品类、食品类、清洁类、药品类、化工类、文具类等。药品类及化学试验类的容器造型主要强调其使用功能性特征，方便耐用，材料上多用化学性质较为稳定的玻璃类容器，并根据药品及实验用品的特性，进行容器的遮光处理。食品类容器范围最广，这主要是因为它的产品种类最多，不仅包括使用最频繁的纸容器、塑料容器及玻璃容器，也包括竹木类、金属类和陶瓷类的容器，设计发挥的余地也最为广阔。酒水类及化妆品类容器对造型的设计要求较高，它不同于食品类容器侧重于平面创意，尤其是高档酒以及香水瓶的设计，表现得尤为突出。从形态方面可分为：瓶类、缸类、罐类、杯类、盘类、碗类、桶类、壶类、盒类、管类、筒类、篓类等。

二、容器造型设计的基本要求

（一）实用性

包装造型设计的科学原则首先是保证自身的实用功能，如能够合理地盛装产品，保护产品和运输产品；科学的原则还反映在包装结构设计的合理上，如矿泉水瓶身的凹凸线条（图3-1），不仅仅是为了美观而设计的造型，在盛装了水之后，还能够起到加固塑料瓶身的牢固度、增加手握持的摩擦力等作用；再如，包装盒开后的结构既要便捷，还要安全牢固等。科学的原则还应反映在材料的环保性、材料运用的合理性等方面，如能使用纸材的，不要使用玻璃、木材、金属等材料；可以使用塑胶等替代品的，不要使用玻璃等加工工艺成本过高的材料，

图3-1 矿泉水瓶

减少印刷流程等。

曾几何时，当人们摒弃玻璃瓶，大量采用塑胶瓶时，是本着经济性原则的，但塑胶材料所带来的环保问题又使我们不得不重新进行更加科学的选择，如使用可降解材料等。

（二）经济原则

在设计过程中，要对包装容器的设计有准确的定位，充分考虑再生产、磨损等方面的问题，注意包装容器设计与成本的关系，使设计的容器与销售价格相匹配，确保"质优价廉"，杜绝浪费。经济原则往往与科学原则分不开，如包装盒设计中的"一纸成型"（图3-2）原则就是在经济原则下的科学体现。因为要做到"一纸成型"，必然在其中要运用合理的思路，

图3-2 "一纸成型"的西湖龙井包装

通过巧妙的结构处理，这样不仅降低了耗材成本，也降低了运输、仓储等流通成本，是包装结构设计中以经济性为原则的典型体现。

如果过分强调实用性和审美性，就可能出现价格昂贵致使人无法接受的情况。相反，一味地强调经济性，又可能粗制滥造出使人厌恶的包装容器。两种极端的做法都将使商品滞销，造成经济上的损失。经济性与审美性、实用性也是既矛盾又统一的，正确的做法应是在不损害造型美和包装功能的前提下，尽量降低包装成本。

使用常见造型、常用材料也是出于对经济原则的考虑，那些容易获得的造型和材料可以节省不少包装开支，如果要生产具有创新性的包装造型，如样式独特的容器等，需要为新模具付出很大的费用，因此，若没有特别的需要，一般的原则是不要采用新的容器造型，而是在其表面装饰上进行深入挖潜，使其外观形象具有竞争。

（三）审美原则

容器造型的审美原则是现代包装设计所追求的重要目标之一，社会的发展与经济的提升促进了人们对美的追求，包装作为人们日常生活中所经常接触的容器，肩负着时代所赋予的历史使命——传播美的文化。容器出色的造型以及漂

亮的外观，不仅能够促进商品的销售，同时也能传播时代的信息，它是人类文明发展的重要标志。

容器的装饰功能设计是容器设计表现中极为重要的一部分，设计与创意可以满足人类对于"形"与"色"的爱好，在功能得以满足的基础上，将材料质感与加工工艺的美感充分体现于容器造型之中。"形"的设计主要是轮廓，可以体现在容器本体的外观造型、容器的配饰附加造型等；"色"的设计范围相对较广，包括容器本体的颜色，也就是材料的颜色、标贴的颜色、装饰贴的颜色、

图 3-3　迪奥香水包装

盖部的色彩，还有材料质感、肌理所表现出来的光感色等，在进行容器设计时需将这些内容考虑进去（图 3-3）。

另外，审美是具有对象性的，不同职业、不同年龄、不同性别、不同地区、不间种族的人，对于美的态度各有不同。在包装设计中，追求美的前提是对美有着客观的认识和理解，在大量调研的基础之上，才能够对"美"做出准确判断并加以表现。而美感的意识和审美的体验存在着个人的差异。同时，审美意识还具有国际性、时代性、民族性、社会性，并与个性组成复合体。因此，设计者应尽力使包装造型适合于大众美和时代美，这是十分重要的。比如女性用品容器造型上往往用优美曲线及韵律节奏感来表现和符合女性的心理特征，男性用品容器造型常用直线、几何形来表现男性刚毅特征和心理感受，儿童用品则喜用可爱而活泼的造型等。另外，当商品在消费者手中时，其触觉也会给人带来审美感受，器物表面的光滑、细腻或是肌理的起伏都会传达出某些情绪与情感特征。肌理与视觉造型的和谐统一构成了完整的容器造型的美感特征。

（四）创新性

设计是在了解产品特点、包装材料属性的前提下，设计出风格独特、功能便利、造型新颖的容器造型，并且不断研究新工艺，为社会创造更多的价值，设计出更多令人称赞的艺术品。包装造型设计与其他设计工作一样，都是创造性的劳动，创新是设计最基本的要求，是设计过程的灵魂，设计的过程就是创新的过程，而没有创意的设计是失败的设计。设计需要具备独特的风格、便利的功能和新颖的造型（图 3-4）。

不过，不能一味地模仿强调创造性，也不能要求设计者对一切商品包装都能创造出与现有的完全不同的东西，对一些传统知名商品的包装设计，在结构上类似经典，而在艺术构思与包装造型方面具有独创性并得到社会承认，便称得上是好设计。

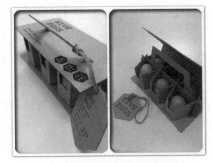

图 3-4　创新的鸡蛋包装设计

（五）结构合理

1. 保护性

容器的保护性功能是指容器所用材料的性能、质地、构造、耐久性等方面对商品所能起到的防护作用。每件产品均有各自的性质、形状和重量，产品演变成商品，离不开包装、装卸、运送、储存和销售一系列过程，为了保护商品的品质不受影响，防止各种意外情况的发生，如散落、渗漏、腐蚀、挥发、挤压等，造型设计时需要考虑其构造、材料、形式等方面。高档酒、化妆品、药品以及某些食品，如月饼、高档糖果等的包装，都是以保护为首要功能的（图 3-5）。

图 3-5　肉类密封包装

对商品的保护性主要可以从商品本身的特性，以及运输和储存的角度来考虑。商品在运输过程中难免会遇到磕磕碰碰，还有些商品由于本身的特性需要在储存上进行充分的考虑。因此，在进行包装结构设计时，应考虑包装结构对产品所起的保护作用，如强度是否达标、封口是否合理、抗阻是否有效，等等，以便安全地完成销售任务。

2. 便利性

在对一些商品进行包装前要考虑商品携带、开启、闭合、使用的便利性。除此之外，还要结合销售区域的地理环境进行科学的设计。科学的结构设计是新材料与新工艺的巧妙结合，不仅对制造工艺有所要求，更需要从拉、按、拧、盖等结构上力求最大限度地满足人体功能的要求。例如，在瓶盖周边设计一些凸起的点或线条，可以增加摩擦力以便于开启；喷雾式盖只需稍稍用力按压便能使液体喷出；一个设计巧妙的提手和适用的盖子，不仅可以使包装变得方便受用，还会直接影响到人们的生活方式，增加轻松、愉快的情绪；香水本身的特性和消耗量，决定香水瓶容器设计时体量和口径都不宜过大；而蜂蜜瓶的容器设计则考虑到蜂蜜的物理性和用汤匙取用时的方便，一般要求瓶身不高、瓶口较大、瓶颈非常短。由此可见，所有设计中的创新思维及造型手法都要符合商品本身的特性，以及体现良好、合理的使用功能（图3-6）。

图 3-6　易开式密封包装

3. 对人体工程学的适合性

任何包装都是要给人使用的，所以包装设计师在设计的过程中必须要考虑到人体工程学，对包装的外形和结构进行科学的分析。如果包装不符合人体工程学，使人们在使用的过程中产生疲劳感，这个包装的前景将会是非常黯淡的。比如人类手的尺度是相对固定的，手在拿、开启、使用、倾倒、摇晃等运动过程中，容器造型如何能使得这些动作方便省力，就成了容器造型设计中尺寸把握的依据。有些容器根据手拿商品的位置而在容器上设计了凹槽，或特别注意了磨砂、颗粒状肌理的运用，这些都能方便手的拿握和开启。有的小酒瓶还被设计成了略带弧形的扁平状，非常适合放在后裤兜里携带，与人体结构相结合，因此特别受到了旅行者及体力劳动者的欢迎。

4. 制作工艺的可行性

在进行包装造型设计的时候要考虑到不同材料、不同包装的加工方法是不一样的，包装造型设计离不开对材料的选择和利用。现代包装不同于手工业时期的包装，需要在机器上进行大批量生产。因此，包装设计师在设计的时候要考虑到加工工艺的难度与可行性，无论是在材料上，还是在工艺和加工成本上，都要进行仔细地考虑。

5. 包装材料的可回收性

包装大都是一次性的，在内部的商品使用完后，包装基本上都会遭到废弃，给我们的环境带来了严重的污染。绿色包装已经成为现代包装发展的趋势。包装设计师在设计包装前，要考虑包装材料的可回收性与再利用性，以及材料本身的再生性，以减少包装对环境的破坏与污染。

（六）结合商品特性

不同的商品有着不同的形态与特性，对于包装材料和造型的要求也不尽相同，因此需要有针对性地进行设计。例如，具有腐蚀性的产品就不宜使用塑料容器，而最好使用性质稳定的玻璃容器；有些不宜受光线照射的商品，如化妆品、啤酒、药品等，因长时间的照射加速变质，这时就应采用不透光或透光性差的包装材料；像碳酸类饮料产品具有较强的气体膨胀压力，宜采用圆柱体外形的容器，以利于膨胀力的均匀分散；有些油脂类乳状黏稠性商品，如果酱、护肤用品、药膏等，开口要大，以便于使用。

（七）充分考虑工艺性

不同材料的容器加工工艺是不同的，有些材料的加工对造型有一定的要求，如果不考虑加工工艺的特点，那么一个很好的造型可能会难以批量化生产，即使能够生产，其成本也会非常高昂，与设计的经济属性不相适合。❶因此，作为一个设计师，应该具备一些基本工艺常识，并与生产环节充分沟通，以求在造型设计时合理地设计每一根线条的起伏和转折。

（八）考虑到集成包装的物流

现代社会，整个世界都纳入到了一个统一的大市场之中，即所谓的全球经济一体化。在这个背景之下，物流不仅非常发达，而且其流通的渠道和方式形形色色、多种多样，这就要求单个的包装容器在设计时既要满足良好的集成可能性，又要在物流过程中确保安全、便利，同时生产成本符合经济属性的基本要求。

三、容器造型形式的塑造

（一）点

在包装造型设计的基本要素中，点是最基本的要素，也是其他要素的始发点。事实上，许多产品包装的造型本身就是一个点。点可以成为画龙点睛之"点"，起到主导作用，形成形体的中心；也可以和其他形态组合，起着平衡画面轻重、填补一定的空间、点缀和活跃造型气氛的作用，以取得生动活泼的造型效果；还可以组合起来，成为一种肌理或其他要素，衬托设计主体。这种聚散的排列与组合，能带给人们不同的心理感应。在造型设计中，点的运用表现较为灵活突出，

❶ 朱和平. 包装设计的经济属性 [J]. 中国包装工业，2003（12）：72.

它可以是一个商标、一个凸起，也可以是一个饰物、一个盖头，形状多种多样，"点"是相对于"面"而言的。

造型设计所用的点可以有多种形式，可以是一个字，也可以是任意一个形态，有大小、面积、形状、浓淡、虚实的变化。点的大小不同、形态各异、位置不同，会给人带来不同的视觉感受和联想。圆球形或多面体球形的包装容器即是如此，一些产品包装造型的局部也是一个点。圆点给人饱满、充实、运动、优美、醒目、活泼之感，有棱角的点给人坚实、严谨、稳定、刚毅之感。点还有聚焦的作用，容易把顾客的注意力集中过来。所以，许多设计者喜欢用点来造型。例如英国、法国、美国的许多香水瓶都是仿圆球形造型。

（二）线

线是点的延伸和运动轨迹，可分为直线、曲线、波纹线、水平线垂直线、斜线等。线在具体应用形态上可以传达出各种视觉感受，如粗线有力、前进、向外凸，细线锐利、后退，加之不同的线具有不同程度的支撑、转接、引导的作用，从而使得线能表达出丰富的内涵。通过电脑生成的线多种多样，还可表现出不同的浓淡效果。

线在设计中起到贯穿空间的作用，是构成造型、分割快面、强调节奏韵律、形成虚实对比度的重要形式语言，包装容器中的线的运用主要表现在容器的外部轮廓造型以及内部体表装饰塑造上。

（三）面

面又分为平面与曲面两类。平面有正方形面、长方形面、菱形面、梯形面、圆形面、椭圆形面、平行四边形面、三角形面等；曲面有凸形面、凹形面、扭曲形面等。正方形面给人整齐、端正、朴素、稳重、单调、呆板的感受；长方形面给人平衡、稳定、舒展、庄严的感受；菱形面给人锋利、失稳、动态、旋转的感受；梯形面给人稳定、庄严、上升、崇高的感受，倒梯形面给人轻巧、动势、力度、不稳定的感受；圆形面给人圆满、完美、饱和、温暖、统一的感受；椭圆形面给人圆滑、流畅、秀丽、柔软、动态、变化的感受；平行四边形面给人倾斜、失重、动态、力度的感受；三角形面给人稳定、上升、崇高、雄伟的感受；凸形面给人挺进、韧性、饱满、刚强的感受；凹形面给人谦让、委屈、凹陷、柔软的感受；扭曲形面给人活泼、流畅、轻盈、延伸、曲升的感受。

面具有长度、宽度，无厚度，是体的表面，它受线的界定，具有一定的形状。面有几何形、有机形、偶然形等。面又分两大类，一是实面，一是虚面。实面，是指有明确形状的、能实在看到的面；虚面是指不真实存在但能被人们感觉到的面。面由点、线密集机动形成，包装容器造型中面的设计创意可考虑材料肌理的塑造以及面的分割与布局运用。

肌理塑造在包装造型设计上运用较为广泛，肌理是指物体表面的纹理组织构造，它可分为触觉肌理和视觉肌理两大类，触觉肌理可直接通过人的触觉而感知，它表现为物体表面的凹凸、纹理、软硬等。视觉肌理通过人的视觉而被感受，如木纹、竹编、皮革、布料等，主要采用平面视觉的塑造而达到所要的效果。不同的肌理可以产生独特的艺术效果。不同材质所形成的肌理给人的感受也不相同，塑料、玻璃、金属、纸材的表面都可以形成各自不同的、丰富的、表达不同情感的肌理变化。我们可以通过粗糙、光滑、柔软、坚硬、细腻的肌理，如磨砂玻璃的朦胧、刻划玻璃的光感折射、锡箔封口金属配件的反光、凹凸纹路的处理等，来进行容器整体或局部的肌理设计。

（四）立体

前面谈到的点、线、面都是平面形态，而作为包装容器而言，"体"的设计是其重点，是设计的基调和轮廓。从立体造型来说，形就是体，体也是形，"体"大体可归为正方体、长方体、球体、椭圆体、圆柱体、方锥体等几种。容器造型多是由方和圆所组成的一种复合体，也有不少是单一的形态体，体现在线形上就是直线和曲线的结合，用曲线和直线组织在一起，使其成为既对比又协调的整体。任何容器的设计大都离不开这几种基本"体"态，形体塑造只不过是在基本体上进行细节的变化而已，如瓶盖的设计、纹理的装饰、线条的刻画等。

体的塑造中比例运用是较为重要的一部分，比例是指容器各部分之间的尺寸关系，包括上下、左右，主体和副体、整体与局部之间的尺寸关系。容器的各个组成部分（如瓶的口、颈、肩、腰、腹、底）比例的恰当安排，可以直接体现出容器造型的形体美。确定比例的根据有体积容量、功能效用、视觉效果。

容器体的设计要考虑体与面、体与线、体与点的过渡，以及材料之间的和谐与运用，这都是整体和局部之间的融合与协调的关系处理问题，是直接影响到造型设计的关键。

（五）面和体的构成

包装容器造型由面和体构成，通过不同形状的面、体的变化，即面与面、体与体的相加、相减、拼贴、重合、过渡、切割、削剪、交错、叠加等手法，构成不同形态的包装容器。例如，用渐变、旋转、发射、肌理、镂空等不同的手法过渡组成一个造型整体。构成手法不同，产生的包装容器形态不同，所传达的感情和信息也不同，这主要取决于产品本身的属性和形态。设计师应以最恰当的构成方式，达到最完美的视觉形态。

四、造型的处理

世界上万事万物的形态都是由几何形态演变而来的，它被确定为造型的基本型。它包括立方体、球体、圆柱体、锥体几种原型，不同的形态带给人不同的感受：立方体厚实端庄，圆柱体柔和挺拔，锥体稳定灵巧。它们所蕴含的多样魅力，给予了造型设计更广阔的空间。

（一）分割法

分析一些容器造型，往往会发现，它们是由多个形体组合而成或由一个基本形分割而成的。这是一种减法处理形式，对基本形体加以局部切割，使形产生面的变化。切割的部位、大小、数量、弧度都可以进行变化，但应注意避免锐边、锐角。切割法是对确定好的基本几何形态进行平面、曲面或平曲结合的切割，从而获得不同形态的造型的方法。同一基本型，切割的切点、大小、角度、深度、数量不同，其造型也会有很大的差异，对极其平常的几何形体，通过一个语言、一个切割、一个组合、一个看似不经意的拼贴，都可能会形成很有创意的设计。因此，要反复试验与研究比较，以取得最佳展示效果。

（二）肌理法

造型形象不仅通过立体形态作用于视觉感受，而且以表面形态影响视觉感受。因此，对形体表层加以肌理变化是造型设计的手段之一。肌理是指由于材料的配制、组织和构造不同而使人得到触觉质感和产生视觉质感，它既具有触觉性质，同时又具有视觉影响；它自然存在，也可以人为创造。同一种材料可以创造出无数种不同肌理来，不同的肌理变化可以使单纯的形体产生丰富的艺术效果，塑料、玻璃、金属、瓷器、纸材都可以加以表现肌理变化。在形式上，肌理表现可以是整体的也可以是局部的，可以是规则的也可以是不规则的。

自然存在的肌理是物象本身的外貌，通过手的触摸能实际感觉其的特性，可以激发人们对材料本身特征的感觉，如光滑或粗糙、温暖或冰冷、柔软或坚硬等。包装容器设计中经常直接运用木材与皮革、麻布与玻璃或金属，形成独特的"视觉质感"。"视觉质感"可以用一种修辞手法——"通感"去形容它，它能诱导人们用视觉、用心去体验和触摸，使包装更具有亲和力，视觉上产生愉悦。人为创造的肌理是一种再现在平面上的、类似自然肌理的视错觉，能达到以假乱真的模拟效果。有些包装容器表面，运用超写实的手法表现编织的肌理，使其特征更加真实；也可以实实在在地创造一个和自然肌理一样可以通过触觉感知的肌理。

现代图形艺术的发展使人们还拥有了抽象的肌理形式，这是一种纯粹的纹理秩序，是肌理的扩展与转移，与材料质感没有直接关系，它能在设计中构建强烈的肌理意识。对比的双方都因对比得到凸显，因此不同的肌理效果可以增强视觉效果的层次感，使主题得到升华。肌理自身是一

图 3-7　卡斯兰车载香水的包装

种视觉形态，在自然现实中依附于形体而存在，包装容器的肌理是将直接的触觉经验有序地转化为形式的表现，它能使视觉表象产生张力，是塑造和渲染包装形态的重要视觉和触觉要素，在许多时候它被作为设计物材料的最佳处理手段，获得了独立存在的表现价值。在玻璃容器设计中，使用磨砂或喷砂的肌理与玻璃原有的光洁透明产生对比，这样不需要色彩表现，仅运用肌理的变化就可以使容器本身具有明确的性格特征，同时还可以增加摩擦力，具有防滑功能（图 3-7）。

（三）线条法

在平面构成中，线是一种简洁而行之有效的视觉语言，也是最常用的视觉媒介之一。线条法是包装容器造型设计的最基本方法，是指在包装容器的造型设计中，以外轮廓线的线型变化为主要设计语言，给容器的外观带来直观的形体视觉效果。如直线型的容器会产生挺拔、拉伸、男性化、有力度的感觉；而曲线型的容器，给人柔美、优雅、女性化、活泼的感觉。线型的不同设计给产品带来非常独特的个性特征，能恰如其分地体现出商品本身的属性。产品设计的语意传递有时也可以通过外在线型传递给消费者，使消费者在很短的时间内便能体会到产品的特性和所传达的内在信息（图 3-8）。

线的变化决定造型变化。线条的造型设计可以从分析三视图入手，首先可以变化正视图的两侧线型；如果两侧线型不变，可以变化它的侧视图、仰视图或俯视图的线型，每一个经过变化的三视图都将是一个新的造型。

图 3-8　竹叶青酒酒瓶的线条设计

（四）凹凸

这是指造型形体局部的凹陷或凸起的变化，在容器上进行局部的凹凸变化，可以在一定的光影下产生特殊的视觉效果。凹凸不仅可增加外观美，还可起到防止滑落的作用。凹凸程度应与整个容器相协调，一般来讲凹凸的深度或厚度不能过大，凹凸部位可以有位置、大小、数量、弧度的变化。凹凸部位变化既可以在瓶身，也可以在瓶盖或其他需要表现的部位。其手法可以通过在容器上加以与其风格相同的线饰，也也可以通过规则或不规则的肌理，在容器的整体或局部上产生面的变化，使

图 3-9　酒瓶瓶身的凹凸设计

容器出现不同的质感，并通过光影的对比效果来增强表面的立体感（图 3-9）。

（五）仿生法

世间万物博大丰富且充满了奥妙，大自然的智慧无时无刻不在启迪着人类，同时在人们进行艺术创作的时候，还可以提供大量的素材。自古以来，许多自然素材在艺术家、工匠家的手中栩栩如生，因此，我们要想学好艺术、要想准确把握我们描绘对象的本质，就必须向大自然学习，在大自然中找到自己需要的东西。大自然中的事物种类丰富，样子也千奇百怪，关键在于我们需要什么，以及从哪个角度去理解它、学习它。

在自然界中的人物、动物、植物、山水自然景观中，充满神秘的多样性与复杂性，优美的曲线和造型比比皆是，都是设计造型的源泉和楷模。仿生学设计的灵感就来自于生动的自然界，比如水滴形、树叶形、葫芦形、月牙儿形等常被运用到艺术设计的造型当中，可口可乐玻璃瓶的造型就是参考了少女优美的躯干线条，一直被人们所喜爱。人类的许多科技成果也都是根据仿生学原理创造出来的，因此，这是一种很好的创造性思维方法。

　　包装容器的仿生设计概括地说就是以自然形态为基本元素，或提取自然物形态中的设计元素，或将自然物象中单个视觉因素从诸因素中抽取出来，通过提炼、抽象、夸张、强调等艺术手法进行加工，形成单纯而强烈的形式张力，传达出产品内在结构蕴涵的生命力量，使产品包装容器造型既有自然之美，又有人工之美（图3-10）。

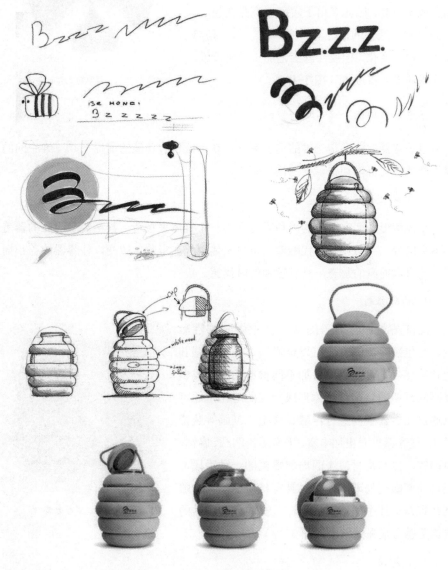

图 3-10　Bzzz Honey 蜂蜜罐包装

（六）异型

这是相应于较均齐、规则的形态的一种富有个性的变化，比之一般的凹凸切割等，异型变化具有较大的变化幅度。此类异型容器一般加工成本较高，因此多用于较高档商品的包装。在处理中，造型的盖、肩、身、底、边、角等都可以加以变化，但要注意工艺加工的可能性，并力求注意经济成本（图3-11）。

图3-11 好时巧克力包装

（七）雕塑法

包装容器的造型是三维的造型活动，在保证包装功能的前提下，三维空间的纵深起伏变化可以加强审美的愉悦感。

1. 整体塑形

整体塑形即把容器的器盖和器身作为一个整体来塑造，甚至没有明显的器盖和器身区分，类似一尊现代雕塑，讲究整体流线和审美，改变以往容器的盖小而低、器身大而高的常态，具有较强的时尚感。

2. 局部雕刻

局部雕刻即在容器的某一部位做装饰性雕刻。在包装容器的表面可以运用装饰物来加强其视觉美感，既可以运用附加不同材料的配件或镶嵌不同材料的装饰与整体形成一定的对比，还可以通过在容器表面进行浮雕、镂空、刻画等装饰手法，使容器表面更加丰富。平常所说凹凸、腐蚀、喷砂等，也都是材料表面局部雕刻的一种手段，经过局部雕刻处理能使材料具有材质美。局部雕刻在容器设计中被普遍使用，对提高包装容器的装饰美感有很强的作用（图3-12）。

图3-12 茶叶包装

3. 光影法

在现代高科技的带动下，大众对光影艺术的研究越来越多。在包装容器设计中，一样可以利用光和影来使包装容器更具立体感、空间感，更富于变化，这种方法尤其在玻璃容器和透明的塑料容器的设计中表现得较为突出。形体中不同方向凹凸的面是光和影产生的基础，为了使容器具有较强的折光效果和阴影效果，就必须像切割钻石一样，在容器的形体上增加面的数量。面组织得越好，效果就越强烈。充分利用凹凸、虚实空间的光影对比，

图 3-13　涉及光与影要素的包装

可以使容器造型的设计虚中有实、实中有虚，产生空灵、轻巧之感，如不少食品饮料玻璃容器的设计，有意在瓶颈与瓶底处组织一些凹凸的方格，这也是与产品的性质和使用习惯密切相关的（图 3-13）。

（八）综合法

对不同材料和工艺的综合使用，为包装容器的设计打开了一扇新的门。现代包装容器通常涉及至少两种以上的材料，如玻璃、塑料、金属、纸（用于标贴）等，设计者在考虑容器材料的同时不能忽略材料的加工工艺，使容器达到材料和工艺的完美结合，有时还能相互掩盖和弥补某种材料在加工中的缺陷，使容器的实用功能和审美功能都更加完善。

有一些酒瓶设计，瓶身肌理有意制造粗糙感和磨砂效果，瓶帖的质感和色彩与瓶身肌理形成对比，整个产品给人一种历史悠久的印象。在容器设计中，综合法的运用一定要造成一种对比，或明暗对比、或光毛对比、或粗细对比，使造型更具特色。

（九）组合

所谓组合，是指在对基本几何形态进行切割的基础上，将两种或两种以上的基本形体，依照造型的形式美法则，在形状、体量、方向、位置等方面进行变化，从而组合成不同的立体形态的思维和方法。它要求在设计时要注意组合的整体协调，如法国欧莱雅护肤品的造型设计，它打破了以往我们经常看到的瓶盖小而低、瓶身大而高的传统造型，而采用瓶身为直筒的圆柱形，瓶盖为大于瓶身 1/3 的半圆形透明盖，其造型的独特变化颇具视觉冲击力，使其在众多同类产品中脱颖而出。总之，用基本型组合方式构筑的造型可以因不同组合而千变万化，大大丰富了人们的视觉感受。

（十）空缺

和切割法意义相似，空缺变化也是一种减法处理，是在容器造型上，根据便于携带提取的需求、或单纯为了视觉效果上的独特而进行的虚空间的处理，多用于内容物为大容量的包装容器或某些特殊的礼品包装容器等，如大容量洗衣液包装。空缺的部位可以在容器身正中，也可以在器身的一边，空缺部位的大小可以变化，但形状要单纯，一般以一个空缺为宜，不宜过多，以避免纯粹为追求视觉效果而忽略容积的问题。如果是功能上所需的空缺，应考虑到符合人体的合理尺度。

（十一）装饰

装饰法是指对造型形体表层附加一些装饰性的图形、文字、小挂件等，能够渲染整个形体的艺术气氛、增加包装整体表现力的设计方法。其中装饰图形设计根据包装整体风格可以具象、可以抽象、可以传统、可以现代。一般采用凹饰、凸饰的手法。简洁、醒目、易读、易识，文字有其合理的基本结构和规律，这是自古以来人类达成的共识。

（十二）盖形

盖的造型变化大有文章可作。盖形的变化更具灵活性，并直接影响造型的整体形象。因此，对于一个单纯的造型加以盖形的变化，是一种有效的处理方法。

（十三）系列化

系列化的容器造型是系列化包装的内容之一，即对同类而不同品种的内容物进行统一风格的形式变化。系列化造型有益于产品销售和企业宣传。

包装容器的结构形式主要可以分为固定型和活动型两类。固定型结构主要指不同的造型或材

图 3-14 "春花秋实"花果茶系列化包装设计

质相互套和、镶嵌、穿吊、粘接等结构形式。在高档的化妆品容器或酒类容器上应用较多，这种结构以严格的结构美和工艺美来显示现代感，往往有独特的艺术效果（图 3-14）。

（十四）透空法

透空法是对基本型进行穿透式的切割，使整体形态中出现"洞"或"孔"的空间，获得一种不对称的形式美感。这种设计多用于大容量、大体积的包装，以实用原则为主、审美原则为辅，打破基本型内部的整体分布，但形体的外轮廓依然给人以线条流畅、简洁明快的统一感觉。

五、造型的文化表现

世界上的每个民族有着不同的民族文化，包装设计能够反映出一个民族的心理特征和文化观念。例如德国设计的科学严谨，日本设计的灵巧、细腻和新颖，法国设计的优雅浪漫等。将传统与现代相结合、民族性与国际性相结合，是优秀包装设计的重要特征之一。

传统是指历史延传下来的思想、文化、道德、艺术、制度、行为方式等，民族文化则是传统文化的重要组成部分。民族文化来源于传统，但绝非一成不变。应该以发展的眼光来看待传统文化的继承问题，要取其精华，去其糟粕，吸收优秀的外来文化，以继承为根本，以超越为发展方向，使民族文化不断更新和发展。包装设计作为现代社会文化极具特点的表现形式之一，既是传统文化的一部分，也是文化的物质载体。

具有强烈地方性和民族特色的事物，对人的吸引力极强。例如我国的包装设计经常使用中国结、长城等元素，日本的包装设计则常使用樱花、富士山，法国的包装设计使用埃菲尔铁塔等，都是民族文化的体现。这些具有明显地方特色的包装更容易赢得消费者的关注和喜爱。

第二节　纸包装的结构设计

一、纸的种类

（一）牛皮纸

牛皮纸是一种机械强度很高的特殊纸张，大多以针叶树的木纤维，再加入胶料、染料等化学制剂来制成。由于这种纸一般为黄褐色，韧性较好，类似牛皮，所以俗称"牛皮纸"。半漂或全漂的牛皮纸浆呈淡褐色、奶油色或白色。牛皮纸的定量为 80 ～ 120 克 / 平方米，采用硫酸盐针叶木浆为原料，经打浆，在长网造纸机上抄造而成。牛皮纸具有较高的抗拉强度和较好的透气性，可用于信封纸、购物袋和食品袋等。

（二）硫酸纸

硫酸纸是由细小的植物纤维通过互相交织，在潮湿状态下经过游离打浆（不施胶、不加填料）、抄造，再以 72% 的浓硫酸浸泡 2 ～ 3 秒，用清水洗涤后以甘油处理，干燥后形成的一种质地坚硬的薄膜型的物质。

硫酸纸质地坚硬、致密，稍微透明，具有强高、不易变形、耐晒、耐高温、不透气、防水、防潮、防油、抗老化等特点，适用于食品包装和药品包装等。

（三）玻璃纸

玻璃纸的原料为棉浆、木浆等天然纤维，通过胶黏法制成薄膜。特点是透明、无毒、无味，隔离性能好，可通过热封技术进行封口。与普通的塑胶膜比较，玻璃纸不带静电，不自吸灰尘，易分解。玻璃纸表面平滑，透明度高，无毒无味，空气、油、细菌和水都不易透过玻璃纸，使得玻璃纸多用于药品包装、食品包装、化妆品包装等。

（四）蜡纸

蜡纸是表面涂蜡的加工纸，原纸多使用硫酸盐木浆抄造而成。根据涂蜡时吸收性的要求决定是否施胶，一般不加填料，可以在染色或原纸上印刷后再涂蜡。蜡纸具有极好的防水性能和防油脂渗透性能，具有不易变质、不易受潮、无毒等优点。蜡纸主要用于各种不同的食品包装，如糖果纸、面包纸、饼干纸盒等。

（五）胶版纸

胶版纸旧称"道林纸"，是一种较高档的印刷纸，一般采用漂白针叶木化学浆和适量的竹浆制成。胶版纸分为单面胶版纸和双面胶版纸。胶版纸伸缩性小，平滑度高，质地致密，不透明，白度高，防水性能好，适合于彩色包装印刷。

（六）铜版纸

铜版纸的正式名称是"印刷涂料纸"，是在原纸上涂布白色涂料制成的高级印刷纸，特点是光洁平整，在包装中多为纸盒、标签等用纸。铜版原纸用漂白化学木浆或配以部分漂白化学草浆在造纸机上抄造而成。以铜版原纸为纸基，将白色涂料、胶黏剂以及其他辅料在涂布机上进行均匀涂布，并经过干燥和超级压光就可制成铜版纸。铜版纸具有纸面光滑平整、光泽度高等特点。铜版纸纸面有涂层，印刷时不易渗墨，多用于高级美术印刷品、广告、商标等的多色套印。

（七）漂白纸

漂白纸由软木和硬木混合的硫酸盐木浆经漂白而制成，其特点是强度高、平滑度高、白度高。漂白纸多用于食品包装、标签纸等。

（八）白纸板

白纸板由面层、芯板、底层组成。生产白纸板时，面层和底层使用漂白浆，芯板使用机械浆、二次纤维、未漂浆或半漂浆。白纸板具有不起毛、不掉粉、有韧性、折叠时不易断裂等优点。白纸板分为双面白纸板和单面白纸板，双面白纸板底层的原料与面层相同，一般用于高档商品包装。一般纸盒大多采用单面白纸板，如药品、食品、文具等商品的外包装盒。

（九）黄纸板

黄纸板又称为草纸板、马粪纸，是一种呈黄色、用途广泛的纸板。黄纸板主要由半化学浆和高得率化学浆在圆网造纸机上抄造而成。黄纸板主要用于制作低档的中小型纸盒、讲义夹、书籍封面的内衬、五金制品和一些价廉商品的包装。黄纸板用一层印刷精美的标签纸贴面后，也可用来包装服装和针织品等。

（十）瓦楞纸板

瓦楞纸板是在瓦楞纸芯上裱糊牛皮纸而成的特殊纸板，有单面纸瓦楞纸板、双面纸瓦楞纸板、单层瓦楞纸板和多层瓦楞纸板之分。瓦楞纸芯是由黄板纸压制成瓦楞状而形成的，经过牛皮纸裱糊后，表面看起来较为平整，内部通过一个个连接的拱形结构达成弹性和抗压性，是很好的防护性纸材，一般用于增加缓冲力。

瓦楞纸板至少由一层瓦楞纸和一层箱板纸（也称为箱纸板）黏合而成，具有较好的弹性，主要用于制造纸箱、纸箱的夹心以及易碎商品的包装。用土法草浆和废纸经打浆，制成类似黄纸板的原纸板，原纸板经过机械加工被轧成瓦楞状，然后在其表面用硅酸钠等黏合剂将其与箱板纸黏合，即可得到瓦楞纸板。目前，世界各国瓦楞的规格主要有 A 型、B 型、C 型、E 型。瓦楞的楞型根据楞高和单位长度内的瓦楞数来确定。一般瓦楞的楞型越大，瓦楞纸板越厚、强度越高。

瓦楞纸板的瓦楞波纹像一个个连接起来的拱形门，相互支撑，形成三角形结构体，具有较高的机械强度，在平面上能承受一定的压力，并具有较好的弹性。瓦楞纸板根据需要可制成各种形状和大小的衬垫和容器，受温度影响小，遮光性好，光照情况下不易变质，一般受湿度影响较小，但不宜在湿度较大的环境中长期使用，否则会影响其强度。

（十一）纸浆模塑制品

纸浆模塑是一种立体造纸技术，指以废纸为原料，添加防潮剂（硫酸铝）或防水剂，根据不同的用途制成各种形状的模塑制品。纸浆模塑制品是近些年发展起来的新型包装材料，是木材的优良替代品。纸浆模塑制品的制造工艺为：原料打浆 — 配料 — 模压成型 — 烘干 — 定型。纸浆模塑制品具有良好的缓冲保护性能，所以多用作鸡蛋、水果、精密仪器、玻璃制品、陶瓷制品、工艺品等的包装衬垫。

（十二）蜂窝纸板

蜂窝纸板是根据自然界中蜂巢的结构原理制成的，它是把瓦楞原纸用胶黏结方法连接成多个空心的立体正六边形，形成一个整体的受力件 —— 纸芯，并在其两面黏合面纸而成的一种新型的环保节能材料。蜂窝纸板包装箱是理想的运输包装。由于蜂窝纸板的结构，蜂窝纸板包装箱可降低商品在运输过程中的破损率。

二、纸在包装结构设计中的运用

纸容易大批量生产，成本较低，可回收制造再生纸，并且具有运输方便、使用方便、折叠性能优良、容易成型等优点，同时还可以与塑料薄膜、铝箔等其他材料制作复合材料包装，因此，纸在包装材料中占据着重要的位置。纸可以做成纸袋、纸盒等。纸袋不仅可以用于工艺包装，也可以用作购物袋。纸盒的外形结构是固定不变的，坚实牢固，可以直接用作商品的包装。包装材料和包装结构有着密切的关系，包装结构可以提高、改善材料的韧性与强度，同时特殊的材料决定了包装结构的设计。随着加工技术的不断成熟，纸容器的形式和结构也越来越丰富。同样的纸质材料，改变其组合、开启、展示等方式，可以给消费者带来不同的视觉感受。

比如现在的鸡蛋分格包装，整体设计十分简洁，将鸡蛋放在纸盒内，能起到固定商品、保护商品的作用，它的最大特点是体现了包装的功能性。这款鸡蛋包装通过立体构成的形式创新结构形态，利用纸的穿插、镂空、切割、折叠等方式进行创作。特别的形式与材料相结合，产生了特殊的美感。这说明将材料和结构完美结合可以产生优美的结构形态。分格鸡蛋包装的成功在于其材料独特的质感和与鸡蛋形状有机结合的造型，具有极具亲和力的视觉效果。

纸包装的优点是成本低、重量轻、易加工、适应性广、易批量生产等。当然，也有易损易蚀、承重差的缺点。

纸盒包装使用的纸材厚度一般应在 0.3 ～ 1.1 毫米，因为小于 0.3 毫米硬度不能满足韧性要求，大于 1.1 毫米则在加工上难度较大，不易得到合适的压痕和粘接。

另外，在盛装商品之前，纸包装是以折叠压平的形式堆码运输和储存的，这是纸包装区别于其他材料包装的特征。目前还保留了手工黏合纸盒的方式，大多用于极少数量的工艺品、礼品、纪念品的包装。

三、纸包装常见结构

（一）纸袋包装结构

纸袋包装的主要目的在于方便顾客携带和宣传企业的产品。纸袋形象的选择以突出品牌为目的，强调品牌的宣传效应。包装袋设计在材料的选用上，一般以成本较低的纸板和塑料制品为主。

（二）纸杯包装结构

纸杯是盛食品、饮料等的器皿，可按照不同的标准将其分成不同的种类，一般分为有盖纸杯和无盖纸杯、有把手纸杯和无把手纸杯、硬质纸杯和软质纸杯等。

（三）纸盒包装结构

在工业生产中，根据纸盒成型后是否可以折叠，分为固定纸盒和折叠纸盒。

固定纸盒是使用贴面材料将基材纸板黏合裱贴而成的，故又称为"粘贴纸盒"，它一经成型，则盒体各面固定而不能折叠。

折叠纸盒在不包装内容物时，可以折叠起来以节约空间，是应用范围最广、造型变化是多的一种纸类销售包装容器。

纸盒的成型工艺一般是将纸板裁切、折痕压线后弯折成形或装订、粘接、裱糊成型。根据不同材料，纸盒可以分瓦楞纸盒、白板纸盒、箱板纸盒等。

根据不同形状，可以分为方形纸盒、圆形纸盒、多边形纸盒、异形纸盒等。按照包装开启面与其他面的比例关系，开启面最小的，称为管式包装；开启面量大的，称为盘式包装。常见纸盒的结构方式还有：

①摇盖纸盒：指盒盖的后身与盒体结合在起的纸盒；

②扣盖纸盒：指盒盖和盒身分别用两片纸板制作而成的纸盒；

③手提式纸盒：指盒体上部有提手的纸盒；

④抽屉式纸盒：类似抽屉的固定结构纸盒。

（四）纸箱包装结构

纸箱按其结构大体上可分为以下三大类。

1. 开槽型纸箱

开槽型纸箱是运输包装中最基本的一种箱型，也是目前使用最广泛的一种纸箱。它由一片或几片经过加工的瓦楞纸板或者普通纸板组成，通过钉合或黏合的方法结合而成。它的底部及顶部折片（上、下摇盖）构成箱底和箱盖。此类纸箱在运输、储存时，可折叠平放，具有体积小、使用方便、密封防尘、内外整洁等优点。

2. 套合型纸箱

套合型纸箱由一片或几片经过加工的瓦楞纸板所组成，其特点是箱体和箱盖是分开的，使用时进行套合。此类纸箱的优点是装箱、封箱方便，商品装入后不易脱落，纸箱的整体强度比开槽型纸箱高。缺点是套合成型后体积大，运输、储存不方便。

3. 折叠型纸箱

折叠型纸箱也称为异型类纸箱，通常由一片瓦楞纸板组成，通过折叠形成纸箱的底、侧面、箱盖，不用钉合和黏合。

（五）纸筒（罐）

纸筒（罐）是纸质容器，一般用于固态物品的包装。由于涂布技术的进步，在罐体内壁可以形成防止渗透的保护涂层，也有一些液态物品使用纸筒（罐）进行包装。纸筒（罐）是依靠纸芯、瓦楞芯纸、纸筒芯、螺旋式纸筒芯等特殊纸材制作的。制作方式多为"螺旋式卷绕法"或"包合式卷绕法"。一般会制成圆柱状的戈方柱状筒（罐）体，并通过套盖或封盖进行封口处理。

四、纸材料造型设计

（一）纸造型设计要点

1. 材料

蓬勃发展的市场经济使纸盒的应用延伸到各个领域。通常情况下，在制图设计完成后，应该按图制作出一个样盒，先检验一下是否符合设计尺寸。纸盒材料一般选用印刷效果良好、适合所包商品的廉价材，如黄板纸、牛皮纸、卡纸、白板纸等。在折叠过程中，纸盒的贴接口部分、盒子的摇盖与盒体的插接贴合一定要严谨、坚固，如果接口放在贴合部分，就会影响插接效果。

2. 纸的厚度

方形的纸盒在折叠过程中，由于纸本身厚度的原因，在折叠转折过程中尺寸会产生微妙变化。通常情况下，应按设计图折成一个样盒进行检验。如图 3-15 所示，A 面与 B 面长度应有所调整，B 面的长度通常要比 A 面长约 2 个纸厚度，这样做便于盖的插接咬合。

另外，如图 3-16，四方形纸盒的贴接口部分会产生 2 个纸的厚度。因为盒的摇盖与盒体的插接咬合要求紧密牢固，盒的贴接口如果放在咬合部位就会影响插接效果，原则上应放在与咬合部分没有关系的地方。

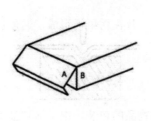

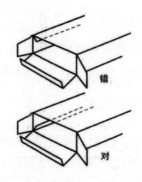

图 3-15　纸盒制作插接口示意图　　　图 3-16　纸盒制作贴接口示意图

3. 摇盖的咬合关系

由于纸是具有弹性的，如果摇盖没有咬合关系，盒盖会被轻易地打开。通过对咬舌处局部的切割，并在舌口根部做出相应的配合，可以有效地解决稳固性问题（图 3-17）。

要注意，纸张由于含水量变化会引起变形，纸张所含水分应分布均匀，并与周围环境的湿度相平衡，否则时间久了，会出现"荷叶边"和"紧边"现象，影响最终盒形的美观和咬合效果。对于裁切好的卡纸，堆放时间不宜过长。

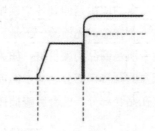

图 3-17　纸盒盒盖咬舌处切割示意图

4. 摇盖插舌的切割形制

在设计盒形结构时，应该在插舌两端约二分之一处再做圆弧切割，这样做使插舌两端垂直的部分与盒壁摩擦而形成紧密咬合，使插接更加牢固（图 3-18）。

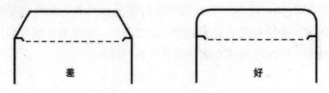

图 3-18　纸盒插舌制作示意图

5. 套裁

如小型纸盒的盖与底，分别与盒的正、背面结合，这样可以上下套裁，节约纸张。

6. 切口

为了美观，有时不想让纸板裁切后产生的断面暴露，可以把摇盖的开口放到盒子背面，并将摇盖和舌盖设计为一体，然后做 45° 角的对折。

7. 纸的纹理

印后表面处理对纸盒成型的影响较大，特别是水性覆膜和磨光的产品。水性覆膜的影响主要在于所使用的层水性覆膜胶使纸张吸水，导致纸张纤维膨胀而使纸张变形。磨光是在高温下对表面涂一层磨光油的产品用钢板压光。高温易使纸张纤维拉长，发生断裂，引起纸张变形，影响纸盒的成型。而且，纸张在机械化生产时，是按卷筒的方式进行，然后再按纸的开度裁切，纸的制造过程会使纸的纤维组织产生纵、横纹理，一般纸张在印刷机的压力下，通常向顺压的纵纹方向伸展，而在横纹方向上产生收缩。由于此原因，纸盒的不同方向折叠要考虑纸张的纹理方向，以免造成盒面的不平整、盒形走样与合不上口等现象的发生。有些纸张光洁度高，肉眼难分辨出纹理方向。

要辨别纸的纹理方向，通常会按纸张的放置方向取下一小块样纸，然后刷上水，纸张受潮后会弯曲成 U 字形，沿弯曲方向的便是横纹方向，没有弯曲的就是纵纹方向。为减少印后表面处理对纸盒的影响，水性覆膜后的产品一般要放置48 小时后才进行下道工序生产；磨光产品要放在晾纸架上，待产品完全冷却后再进行下道工序生产。

8. 痕线

纸张形成纸盒是通过折叠产生的，纸张一经曲折，本身就会产生向外和向内两个转折方向的面。通常向外方向的面在曲折处由于受到拉力会产生裂纹，也就是纸张的纤维遭到了破坏，纸张越厚，破坏的程度越大。为了避免裂纹的产生，在生产时通常采用压痕的方法，使外向的角收缩变为内向的角，这样可使纸盒在转折时不伤及纸的纤维，并能保持弹性（图 3-19）。

图 3-19　压痕示意图

9. 纸盒的固定

通常可以采用两种方法。一是利用纸盒本身的结构，在设计上使两边相互咬扣，这种方法外形美观，不用粘接或装订。但应考虑到尽量避免结构复杂的组接，否则在装入商品的过程中会影响工作效率。二是先将纸盒某些部分预先粘接好，虽然生产时多一道工序，但会提高使用效率。比如管式结构的自动锁底采取预粘的方法，使用时底部的工序被简化为零。打钉的方法则适用于弹性强、不易粘接的板纸或瓦楞纸等。

（二）纸材料造型设计及包装

1. 包装形态与结构设计的关系

设计表现方面，目前大多数设计师热衷于用计算机绘制设计效果图，并用各种线型代表不同用途（表 3-1），而不重视设计草图与模型工艺的分析与研究。虽然从效果上看，计算机绘制表现的色彩与光影优于手工绘制，包装形态在一定层面上看来具有良好的视觉效果，但是，由于学生自身基础与动手能力的薄弱，最终导致许多包装设计作品"有形态、无结构"，结构不合理，设计表现经不起推敲。因此在进行包装形态的设计过程中，要充分考虑结构和形态的结合。

表 3-1　设计制图符号

线型	线型名称	用途
▬▬▬▬▬▬	粗实线	裁切线
———————	细实线	尺寸线
▬ ▬ ▬ ▬ ▬	粗虚线	齿状裁切线
▪ ▪ ▪ ▪ ▪ ▪ ▪ ▪	细虚线	内折压痕线
....	点画线	外折压痕线
∧∧∨∨∧	破折线	断裂处界线
/////////////////////////	阴影线	涂胶区域范围
↕　↔	方向符号	纸张纹路走向

2. 包装功能与结构设计的关系

目前大多数产品的包装一味追求造型结构的别样与繁复、材料的特殊与奇特、印刷工艺的奢侈与华丽，而往往忽视了包装的最基本功能，导致包装哗众取宠，而缺乏起码的实用功能，造成较为严重的资源浪费。因此在包装结构设计过程中，应立足于包装的功能性。

3. 包装结构设计的技术与艺术问题

在进行包装结构设计的过程中，经常追求完美的视觉效果，但是要突出包装自身的艺术特征，往往会受到来自技术方面的制约，使得包装的结构形态无法与设计师的理想初衷达成一致，因而我们必须在限制中实现技术与艺术的高度统一、合理融合的最佳状态。

（三）纸材料造型的变化要素

纸盒包装的外形千姿百态，丰富多样，但其基本盒形与容器包装一样，仍为几何形态。由于纸材是裱糊、折叠成型，因此很难得出球体与圆锥体造型。纸盒造型宜方不宜圆，它极易得到挺括明确的边角转折，但作圆的处理较为复杂，会给大批量生产带来很大困难。由于纸板的可变化性较其他材料更为自由，可根据造型设计的成果，利用各种结构实现所需的造型，在保证包装的保护性、方便性、促销性的前提下，增加或修改相应的结构。

纸盒的面、边、角是基本造型构成要素。面、边、角的变化决定着纸盒造型的基本形态。面、边、角在纸盒造型整体效果中不是各自独立存在的，三种中任何一种的变化都会带来其他两种因素的变化，并影响造型整体效果。当然面是最重要的基本因素，它传达商品的基本内容，体现文字、图形等设计效果。

利用面、边、角基本构成要素，可进行纸盒的外形、弯曲、延长、折叠、切割、数量、方向等变化处理。

1. 外形

外形是指外轮廓的形状。包装盒的外形一般不宜作太复杂的变化，可以单纯的几何形变化为基本形态，对其稍作处理，以便于印刷工艺、制作及储运。

2. 弯曲

弯曲是指通过改变外形平面基本状态而发生的曲线变化。弯曲弧形的幅度应适中，不宜过多过大。从造型整体看，面的变化又必然引起边和角的显著变化，既富于力度又产生韵律感。弯曲变化适用于化妆品、礼品包装，并宜小不宜大，同时图形文字设计也应趋于单纯简洁。

3. 延长

延长是相对而论的，面的延长与折叠相结合，可以使纸盒出现夸张的比例关系，产生多种形态和结构变化，是纸盒造型变化的有效手段。

4. 切割

切割是对面、边、角进行减法处理，经过切割形成开口和面的倾斜、折叠、多角等变化。进行切割处理时需注意形状、大小、部位、数量和变化，在求得奇异、趣味形式的同时，应注意切割效果有印制、陈列中的便利性。

5. 折叠

对面、边、角进行折叠处理，可产生各种形态的变化，得出新的面、边、角的形状。折叠时要注意纸张的有效利用。

6. 添加

在一个基本形基上添加或延伸，增加面的数量变化，如纸盒六面体可以增加到八面体、十二面体等多面体面的数量变化。

7. 方向

纸盒的面与边除了水平、垂直方向的铺展外，还可作多种角度的倾斜、转折以及扭动变化，但这种处理难度较大。

五、常见的纸材料造型样式

在进行纸材料造型设计时，不可以盲目地追求外形好看，首先要对商品有一定的了解，然后确定这种商品适合什么结构的包装。不同的商品，储存与开启的方式不一样，包装结构会有很大的区别，只有进行科学的定位之后，才可以进行设计。纸容器主要有三个部分，分别为盖、体、底。这三个部分的结构和形式发生变化，就可以得到不同的包装结构。下面介绍几种常见的纸材料包装结构。

（一）摇盖式

摇盖式包装是一种广泛使用的包装结构，其盖体与盒体连接在一起，盒盖的一边是与盒身纸张固定而连接为体的，使用时摇动开启。摇盖式通常是在一张纸板上完成裁切，压痕后弯折成形，造型简单，成本低廉，使用方便，样式丰富。

这种包装结构常见于药品包装、点心包装等。

（二）天地盖式

天地盖式包装一般由盒盖与盒身两个部分构成，采用套扣的形式进行闭合。盒子一般使用硬质纸板制作而成，盒体结实、牢固，有一定的保护性，给人以稳重、高档的感觉。套盖式的盒子一般要求纸材较硬，多用于小五金类、食品类、鞋类包装盒等（图 3-20）。

图 3-20 天地盖式包装

（三）台式

商品下部有一平台式底座托装置加以固定，其盖部可以是摇式，也可以是套式，一般用于高档包装，如香水、工艺品包装等。

（四）开窗式

开窗式包装，是指在包装的展示面上开一个可以展示内部商品的窗口，在窗口部分通常使用透明的塑料薄膜对包装内的商品进行密封保护，将内容物或内包装直观地展示出来，给消费者以真实可信的视觉信息，使消费者可以直接看见里面的商品，从而满足消费者的好奇心。因为消费者可以直观地看见实物，所以可以放心地购买商品。开窗的形式有多种，包括局部开敞、盒面开敞、盒盖开敞等，视商品具体情况而定。开窗处的里面贴上 PC 透明胶片以保护商品。做开窗设计时有两个原则必须遵守：一是开窗的大小要考究，开得太大会影响盒子的牢固，太小则不能看清商品；二是开窗的形状要美观，如果切割线过于繁杂反而会显得琐碎（图 3-21）。

图 3-21　开窗式包装盒

（五）陈列式

　　陈列式纸盒又称 POP 包装盒，这种纸盒结构主要是在货架或柜台上陈列时用以形成一个展示架，其主要变化在盒盖部分，盒面的图形文字起着广告宣传的作用，盖子放下后，即可成为一个完整的密封包装盒，能有效地保护商品，在超市中运用较多。陈列式包装外形变化较多，尤其是盖部的造型，可根据商品需要提供别致而富有意趣的变化，其形式有可打开支撑的盒侧面以展示内容，打开部分常常加以宣传说明，图形色彩设计生动，能产生十分强烈的视觉吸引力以起到促销的效果。POP 包装适用于各种产品（图 3-22）。

图 3-22　陈列式包装

（六）可挂式

　　可挂式包装造型结构往往与开窗式相结合以展示商品，它是陈列式纸盒的一种转化形式，也可以是自身的变形处理。这种设计是为了方便商品的陈列与展示，在盒体上增加一个可以悬挂的附件，因而得名。可挂式包装可以增加商品在展示中的趣味性，一般用于重量较轻的商品，如休闲食品、日用品等（图 3-23）。

图 3-23 可挂式包装

（七）连体式

连体式包装又称为姐妹式包装，是由一张纸折叠而成的两个或两个以上单元相连接的包装，每个单元中放一件内容物。设计这种包装要注意整体的大效果，又要注意打开后的变化形式，组成的各个单元共用盒底与盒盖，有多个容纳商品的空间，一般用于同品牌不同商品的组合包装，以及同商品不同口味的食品包装（图 3-24）。

图 3-24 连体式包装

（八）书本式

纸盒的形状像一本书，是摇盖式的新形态，常用于录像带、酒类、药品类、巧克力礼品包装等（图 3-25）。

图 3-25 书本式包装

（九）抽屉式

抽屉式包装也称为抽拉式包装，由套盖与盒体组成，因形状结构像人们在生活中所用的抽屉而得名。套盖有两头开口和一头开口两种，而盒体一般是敞开式的，也有封闭式的，以形成多层次的变化，不过封闭式的不多见。这种包装结构方便多次取用，常见于火柴、糕点、工艺品等的包装（图3-26）。

图 3-26　抽屉式包装

（十）手提式

手提式包装一般用于较大或较重的商品，其目的是方便消费者购买后携带。一般是在包装上设计一个可供人手提拉的把手，手提部分可以利用盖与侧面的延长部分相互锁扣而成，也可以用附加的方法来制作。把手的形状不固定，但是一般都可以折叠，以节约空间。手提式包装通常采用小瓦楞纸板，加上提携结构处理，可以便利消费者。手提式要注意商品的重量、材质与提手的牢固，适于装酒类、食品类、电器类等较重的商品（图3-27）。

图 3-27　手提式包装

（十一）旋转式

旋转式是纸盒套扣与被套的两部分中有一角被固定，成为可转动的轴心，开启与关闭都是旋转形式，以增加使用中的趣味性。办公桌上用品较适合此手法。

（十二）封闭式

封闭式包装，顾名思义，就是将整个包装全部密封起来，防止包装内的商品洒出，在一定程度上可以保护包装内商品的完整性。主要的开启方法是沿着开启线撕拉开启，或者以吸管深入小孔吸取。这种包装结构常见于饮品包装、食品包装与药品包装。

（十三）易开式

易开式常用于开启方便的一次性包装，它通过在包装结构中设置齿状裁切线或易拉带的方式实现。这种方式密闭性好，使用方便，适于包装粉、粒状商品，如洗衣粉，或快餐和冷冻食品等。在设计开启的位置和方式时应注意以下几点：一是要求适合机械化生产；二是要求使用方便、易于识别；三是要求开启后尽量不影响和毁坏商品的品牌形象。

（十四）漏口式

漏口式包装是将活动漏斗作为开启口的结构形式，一般用于粉或小粒状内容物的包装，如粮食制品、洗涤制品、巧克力豆、麦圈等，以方便控制用量。

（十五）外露式

外露式即商品的一部分伸出盒外的形式，在设计中利用产品外露本身加上盒面装潢与之相配，可以取得生动的效果。但要注意商品固定结构的设计，以防止损坏外露的内容物。

（十六）光圈式

盒盖呈六面旋转的相机光圈形，盒体为六角形，适于酒类、食品类、土特产品类包装。

（十七）异型式纸盒

异型纸盒主要有三角形、五角形、菱形、八角形、梯形、圆柱形、半圆形、书本式等形态。这种纸盒是通过弧线、直线的切割和面的交替组合，呈现出来的包装造型，其优点是新颖、美观。

（十八）方便盒和特殊结构式纸盒

这种纸盒结构以解决消费者反复取用商品而带来的麻烦问题为宗旨，并结合商品的特性来设计。当盛装粉粒状商品，如洗衣粉、巧克力豆、麦圈等，可用带有活动小斗装置的方便盒，活动小斗可通过一板成型制成，也可用金属材料做附加结构。当盛装独立的商品，如化妆品、小礼品等时，可采用自动启闭结构的方便盒。由于这种结构在开启关闭上具有独立性，可以减少启闭时手的动作。启闭部分可以在结构允许的情况下有所变化，既能增强纸盒的新颖感，同时又可取得良好的展示效果。

六、特殊的纸材料造型样式

由于纸张的丰富特性，纸盒成型的方法也多种多样，结构设计上的出奇制胜屡见不鲜。特殊形态的纸盒结构是充分利用纸的特性和成型特点，在常态纸盒结构的基础上变化而来的。特殊形态纸盒结构的设计应注意以下三点：一是其结构尽量适应压平折叠；二是尽量减少粘接和插接；三是使用者是否可以在无指导情况下自行组装完成。特殊形态纸盒结构设计的特殊性，可通过以下一些方式表现出来。

（一）拟态

拟态是指在包装形态设计上模仿自然界动植物以及人物造型的手法，通过几何化简洁概括，使包装形态更具形象度、生动性和吸引力。拟态象形不是单纯地追求写真，而应强调神似。既要兼顾视觉功能又要满足实用功能（图3-28）。

图 3-28　拟态包装

（二）集合式

通常利用一张纸成型，在包装内部自然形成与外界间隔的空间，可以有效地保护商品，提高包装效率。集合式包装主要用于包装玻璃杯、饮料瓶、灯泡等硬质易损的商品。

（三）倒出口式

倒出口式通常用于需要多次重复使用的商品包装，它通过纸盒自身设计出的可开合式出口一次取出定量的商品。倒出口式包装对商品的形态有一定要求，商品须具有较好的流动性，如液体、粉状物、颗粒状和小块状的商品。出口的位置可根据商品性质安排在包装的上部或下部，一般液体、粉状物的出口设计在包装上部，固状物的出口则安排在包装的下部。开口的结构一般可采取一体成型或分体成型，配件可利用其他一些材料如塑料、金属等。

（四）意想设计

意念想象的产物，它是以产品的内容物的需要为思考前提的。

意想设计要测量出内容物的长、宽、高的尺寸及形态，并考虑盒子的开启方法，还要画出意想草图、结构透视图、纸盒三视图、平面展开图，最后做成实物。

在设计中常常是几种形式相互结合、灵活多变的，同时不论如何变化，都要注意与内容物的形态属性、档次相适应，又应考虑生产加工的便利和经济成本的节约。

第三节　包装设计的材质与选用原则

材料是包装设计的载体，除其本身所具有的美学特征之外，由于还可以通过人类的能动作用对其进行处理，从而使其具有超出天然的艺术特色。所以在包装设计中，材料与设计的原创性表达有着非常重要的关系和影响。

一、包装和材料的关系

任何艺术作品都是建构在材质的基础之上的，在包装设计整个过程中，材料是所有环节的物质基点。任何一件包装设计作品，其合理性的构建，不仅取决于选材的科学性、合理性和巧妙性，而且要最大限度地将材料这种表现媒介所形成的视觉效果，转化为一定的、独特的设计意蕴。因此，如果要定义设计，任何设计都应该是以"人与自然的和谐"为本。但是，这种"和谐"的构建，由于材料的多样性和处理手法的多变性，对于设计人员来说，其思维方式存在着从设计到材料或从材料到设计两种取向，并且每一种取向中都具有不确定性，这样就为设计师们提供了无限创意的可能性，也由此引发出综合材料的设计美学特征。

对于包装设计来说，不管是先根据材料设计包装形式，还是先设计包装造型，然后根据造型寻找材料，最后都将殊途同归，即将材料转变成包装实体。这个转变的过程，不单是一个材料的撷取问题，选择相应的表现方法同样重要，只有巧妙地把材料特性融入设计中去，才能充分发挥材料的独特魅力，从而更好地为产品服务，使产品的内容得到充分的表达，这就要求设计师对材料分类及其特性能充分把握并具有将其灵活运用的能力。

二、选择包装材料的原则

包装材料的首要功能是对产品的保护，避免内装物在流通过程中受到损害，还须考虑成本等因素。包装材料的选用是根据产品自身的特性决定的，因此，研究包装材料的性能和特点、合理地选用材料、结合恰当的印刷工艺是包装设计中不可忽视的环节。选用包装材料，一般应遵循以下原则。

（一）满足包装功能

产品的包装一般分为小、中、大包装。小包装又称为单体包装，因其直接接触产品，所以一般使用较为柔软的材料。中包装是指由若干小包装放置在一起的包装，材料的选用需要考虑适合工艺制作和缓冲减震要求。大包装也称外包装，用来在流通过程中保护产品，更重视材料防震性能，一般多使用瓦楞纸、胶合板、木板等硬度较高的材料。

（二）适应流通条件

包装材料的选择应与流通条件、运输方式相适应，需考虑气候（温度、湿度、温差等）、运输方式（人工、汽车、火车、船只、飞机等）等因素的影响。

（三）对应商品档次

在选择包装材料时，应考虑商品高、中、低的档次定位，根据不同产品的特点，选用适合其要求的材料，以满足不同层次消费者的心理需求。

（四）科学性

包装首先要满足产品的科学原则，实现合理盛装产品、保护产品和运输产品的要求，体现包装结构的合理性。比如，矿泉水塑料包装，为什么瓶身有许多凹凸的线条呢？这是因为在塑料瓶盛满水之后，这些线条能够加固瓶身的耐受力，增加瓶身与手的摩擦力。

（五）经济性原则

包装材料的选用要符合经济原则。在符合经济成本前提下设计出的包装，易于被广大消费者接受。现在市场上充斥着许多华而不实的包装产品，其外表包装得很精美、华丽，但是产品质量一般。所以，设计者要从经济角度出发，设计符合产品定位的包装。

（六）审美性原则

包装材料的选用要符合审美原则。包装的审美性、趣味性、展示性要符合消费者的审美标准，只有将美的信息传递给消费者，才能引导消费者产生购买欲望。

（七）性能要求

1. 易加工操作

易加工操作性能主要指材料根据包装的要求，容易加工成容器且易包装、易充填、易封合、效率高，同时适用于自动包装机械操作，以满足大规模工业化生产的需要。

2. 方便使用

方便使用性能主要指由材料制作的容器盛装产品后，消费时便于开启包装和取出内装物，便于再封闭而不易破裂等。

3. 易回收处理

易回收处理性能主要指包装材料要有利于环保，有利于节省资源，对环境无害，尽可能选择绿色包装材料。

包装材料的有用性能，一方面来自材料本身的特性，另一方面还来自各种材料的加工技术。随着科学技术的发展，各种新材料、新技术的不断出现，包装材料满足商品包装的有用性能在不断完善。

三、包装设计的材料

早在先秦时期，我们的祖先就将包装材料按照质地分为金、木、皮、玉、土等，随着科学技术的发展，包装材料的种类不断地增多。材料发展到今天，已远远超出了天然材料和传统的玻璃、金属、陶瓷等范畴，出现了高分子材料、生物纳米材料和各种复合材料。这些不同材料本身都具有特定的属性，在包装设计的表现效果上各具视觉、感觉和触觉等特色，因此对这些包装材料基本特性的掌握是包装设计的基础。作为一名优秀的设计师，必须在掌握各种不同材料基本属性的基础上，针对被包装商品的特性，选择合适的包装材料，进行合理有效的设计。为了便于我们后面对包装设计实际运用的研究，这里不妨先对目前主要的包装材料及其属性进行分析和介绍。

（一）纸包装材料

纸制包装容器在整个包装产值中约占 50% 的比例，全世界生产的 40% 以上的纸和纸板都是被包装生产所消耗的，可见纸包装的使用相当广泛，也占据着非常重要的地位。纸包装所具有的优良个性，使它长久以来备受设计师和消费者的青睐。

纸包装材料之所以能得到如此广泛的应用，是因为它具有优于其他材料的不可替代的独特属性。首先，纸材料作为包装材料具有优良的性能，它的来源广泛、品种多样、价格便宜、生产和制作成本低廉；加工性能好，印刷性能优良，并具有一定的机械性能；不透明、卫生安全性好、弹性和韧性佳，具有较强的可塑性；适合大机器和大批量生产，重量较轻，便于运输；收缩性小、稳定性高，不易碎但易切割。以上特性使得纸包装材料在消耗最小的情况下，能塑造出最多的包装造型，绘制和印刷出颜色形式各异的纹饰，在兼顾包装造型和装潢设计的同时，也能够将投资和成本降到最低，契合包装的商业价值属性。其次，由于纸根据其厚度可分为多种，能够满足不同的包装实际需要。如薄型纸材配以阻隔性能好的纸基，用此种纸质复合材料包装物品能够延长货物寿命，利于包装内容物的存放。并且，纸包装具有轻微静电性特点，适宜面粉类产品的包装和高速在线包装。❶

纸不仅在实用功能上具有多种优异性能，而且还契合了中国大众的心理需求。中国传统文化认为树代表生，即生命，因此木质材料常被用于古代包装。纸最主要的构成材料又是木，自然承载了生命的内涵。因此，对崇尚自然的现代人而言，纸暗藏着中国传统文化，必然深受欢迎。

尤其值得注意的是，纸材料在环保方面具有其他材料不可比拟的优势，符合现代可持续发展的设计理念，因此，被誉为21世纪最具发展前景的绿色包装材料之一。现代社会人们提倡环保消费，重复利用资源，要求既能减少资源的消费量，又能达到发展经济、保护环境的目的。纸包装不仅可以重复利用，其废弃物还可以降解而变成肥料，又可以作为能源焚烧。另外，鉴于纸附着能力强的特性，用于包装装潢设计时，只需普通便宜的油墨即可；对黏结剂也要求不高，为水溶性胶水和不带溶剂或低溶剂的油墨提供了使用的可能性，有益于环保，也增强了使用者的安全系数，减少了化学物质对人类造成的伤害。

综合而言，纸质包装材料在使用功能、心理效应和环保功能等方面都具有极大的优势，既满足了包装的商业价值，有利于实现生产商和销售商赢利的目的，同时也行使了积极的社会功能，顺应了当今节约能源与防治环境污染的国际形势，成为无污染、无公害的"绿色包装"材料，与塑料、玻璃、金属三大包装材料相比，无疑有着更广阔的发展前景。

（二）塑料包装材料

塑料是一种人工合成的高分子材料，与其他天然纤维构成的材料不同，塑料高分子加热、冷却聚合时，可随聚合不同分子而形成不同的形式。一般根据对加热的反应分为热可塑性塑料和热硬化性塑料。

塑料是除纸质材料以外的第二大包装用材，约占到包装材料的20%，并且有增加的趋势。它以高隔离性，广泛应用于内层包装和包装袋上，主要分为塑料薄膜和塑料容器两类。现在，我们身边食品类、洗涤类、饮品类等很多产品都应用塑料薄膜类材料。相比其他包装材料，塑料包装主要靠挤塑成型、注塑成型、

---

❶　王美颖. 纸类包装材料在市场中一增六开发 [J]. 包装世界，2007（3）：33.

吹塑成型等，可制成各种形状用于包装，通常具有易加工、成本低、质量轻、可着色、耐油、耐寒、防水防潮、防腐蚀，可加工成透明、半透明或不透明等优点。其缺点是透气性差、不耐高温、不耐强挤压、不易自然分解，回收成本高，容易对环境造成污染（图 3-29）。

图 3-29　塑料材质包装

1. 塑料的不同类型

各种不同种类的塑料提供了满足不同容纳需求的品质与属性。它们可以坚硬或柔软、浑浊或清澈、白色或彩色、透明或不透明，也可以塑造成许多不同形状与尺寸。以下是包装中最常见的几种塑料类型。

（1）低密度聚乙烯（LDPE）

一种具有收缩性的薄膜，专门用来包装衣物与食品。

（2）高密度聚乙烯（HDPE）

一种坚硬且不透明的塑料，一般适用于包装衣物洗涤剂、家庭清洁剂、个人护理品等。

（3）聚乙烯对苯二甲酸酯（PET）

如同透明玻璃，可盛装水、碳酸饮料、芥末、花生酱、食用油与糖浆等食品，以及作为食物与药品的盒子。

（4）聚丙烯（PP）

一种用于瓶子、盖子的防潮包装。

（5）聚苯乙烯（PS）

有很多不同的形状，透明的聚苯乙烯可应用于 CD 盒或药品罐，耐冲击的聚苯乙烯可以通过热塑性塑料制成乳制品容器，发泡聚乙烯则可用来做杯子包装与食品对折盒，如汉堡、内衬盘、鸡蛋盒等。

塑料的材料与制造过程为结构设计师创造了新造型的空间。硬塑料制品在装物品时会维持其形状。瓶子、罐子、管子与管状造型，这些塑料制品都可以现货选购或是委托定做。许多产品类别都是硬塑料制品，如牛奶、汽水、奶油、可微波的面食或米饭、洗发精、身体乳液、感冒药水、清洁剂与肥皂盘等包装容器。拥有专有外形或形状的塑料包装设计则具有高识别度，并且能在产品类别中建立其独有的特征。

2. 性能

塑料是现代使用量最大的包装材料之一，它因品种不同而具有各自不同的特性，但一般都具有高聚物的共同性能。作为包装材料的塑料，其性能主要有以下五点。

第一，物理机械性能。塑料的机械性能有抗拉、抗压、抗冲击、抗弯曲等，一般都具有一定的透明性，且质量较轻。聚乙烯、聚丙烯塑料比水还轻，许多塑料的强度比金属更高。

第二，阻隔性能。塑料的阻隔性包括气体阻隔性、水蒸气阻隔性和保香性等，塑料包装材料对气体、水蒸气的阻隔性，依其密度不同而有差别。同时不同的物品又要求包装具有不同程度的阻隔性。

第三，抗化学药品性能。一般塑料对酸、碱等普通化学药品均有较好的耐腐蚀能力。

第四，加工适应性能。各种塑料，特别是热塑性塑料，具有良好的加工适应性。如许多塑料挺力和滑性较好，具有热成型适应性、机械加工适应性和热封适应性等优点。

第五，开启方便且密封性好。在进行热封合加工后，封口具有良好的密封性能，能够有效地防止包装内容物在储存、运输过程中泄漏，避免外界物质对其造成的污染。同时，在使用时方便将封合处剥离开，便于拿取内容物。[1]

当然，塑料作为包装材料也有很多不足之处，如强度不如钢铁；耐热度不及金属和玻璃；部分塑料含有毒物质；易带静电；废弃物处理困难，易造成公害等。特别是塑料工业化，容易使人们产生与自然脱离的冷淡感，这就需要设计师在对塑料包装的质感和色彩等处理方面下功夫，在设计和具体生产时予以考虑。

（三）木质包装材料

木质包装（图3-30）是商品包装最古老的形式。据文献记载和考古发现，早在我国春秋时期，木质材料就被用来作为酒、油等餐饮物的包装。由于其纹

---

[1] 刘功 . 激光技术在塑料包装产业应用前景广阔 [J]. 塑料科技，200（4）：102.

理、光泽、结构上具有的特殊性，使木质包装至今盛行，特别是机械产品和体积大的商品外包装，木质材料是首选材料。木材因其独有的性能，能很好地满足商品在分发、流通领域中承受外界强制性压力的需要，避免商品受到各种外界因素的影响，能够保证内容物在储运过程中的安全、完好、足量，从而保证包装的使用价值和现实价值。同时木质资源的广泛性和易加工性，使得其适用面广泛，并且可设计、

图 3-30　木质包装

制作出多种规格品种，小到水果、蔬菜、精密仪器包装，大到各种机械产品的包装。由于木质包装材料具有耐拉推、防碰撞、不易窥视等良好性质和较大的耐堆积负荷，便于运输和储运，方便了对商品的储存、堆码、计量和点验。

　　木材来自于多样的树种，有其相应的特色，便于包装物的选择，具有广泛的适用性，这方面大大优于其他包装材料。它的特征一般主要包括颜色、气味、结构、纹理、花色、光泽、重量和硬度等。其中对于包装领域来说，最重要的是气味、重量和硬度。木材的气味多样，这是由木材中含有树脂、树胶鞣料芳香油等可溶性物质所致，正是由于这一点，木材很少用于药物的包装。包装木材按照重量（密度）分为轻、中、重三等，按照硬度可分为软材、次硬材、硬材、最硬材四类，它们是衡量包装用材和技法的重要标准。

　　由于木材的特殊性，使木质包装在安全性和容纳性等方面具有较为优异的功能。木质钉着性能好，对制作工具要求不高，使包装制作简单方便，箱内还可以安装挂钩、螺钉等，便于内容物的拴挂，起到固定的作用。木材还具有较好的冲击韧性和抗震性，适宜较重商品的包装储运，是装载大型、重型物品的理想容器材料。同时，由于木材热胀冷缩比金属小，不会生锈不易被腐蚀，特别是胶合板的包装箱，具有耐久性和一定的防潮、防湿、抗菌的性能，所以可以作为化学药剂的包装。对回收和再利用环节而言，木材的自然属性容易降解，使木质包装可回收重复利用，减少污染；同时，被回收复用的木质包装造价一般为新包装的60%左右，降低了投资成本。当然，由于木材的重量较大，又常被用于大型包装，不利于搬运，使运费昂贵，成为回收再利用的不利因素。特别是出口商品的包装，回收、重复利用更困难。

　　随着人们对生存环境的注重，逐渐减少了对森林的砍伐，使得木质包装面临着严峻的危机。不少有识之士呼吁对于木材包装应该开源节流，节约代用，并且

要从包装材料的资源管理、生产和技术改革等方面采取措施。从环保角度考虑，人造木材的木制包装在整个包装材料中所占的比例会逐渐升高。

人造板材所用的原料均系木材采伐过程中的剩余物，如枝杈、截头、板皮、碎片、刨花、锯木等。人造板材强度高、性能好，种类多样，主要有胶合板、纤维板、刨花板等。

1. 胶合板

用原木旋切成薄木片，经选切、干燥、涂胶后，按木材纹理纵横交错重叠，通过热压机加压而成。其层数均为奇数，有三层、五层、七层乃至更多的层。由于胶合板各层按木纹方向相互垂直，使各层的收缩与强度可相互弥补，避免了木纹的纵纹和横纹方向差异影响，使胶合板不会发生翘曲与开裂。包装轻工化工类商品的胶合板，多用酚醛树脂或脲醛树脂作黏合剂，具有耐久、耐热和抗菌等性能。包装食品的胶合板，多用谷胶或血胶作黏合剂，具有无臭、无味等特性。胶合板面积大、光洁美观、结构均匀、强度高而各向大致相同，其利用率约为普通板材的 2～3 倍，可加工成各种类型的容器。

2. 纤维板

纤维板是利用各种木材的纤维和棉秆、稻草、芦苇等植物纤维制成的人造板。纤维板板面宽平，不易裂缝，不易腐朽虫蛀，有一定的抗压、抗弯曲强度和耐水性能，但抗冲击强度不如木板与胶合板，适宜于做包装木箱挡板和纤维板桶等。软质纤维板结构疏松，具有保温、隔热、吸声等性能，一般做包装防震衬板用。

纤维板的性能与胶合板类似，板面宽大，构造均匀，无木材的天然缺陷，耐磨、耐腐蚀，不易胀缩、翘裂，具有绝缘性能。经油浸或特殊加工后，还能耐水、耐火和耐酸，其利用率可达 90% 以上。

纤维板因成型时温度和压力的不同，分为硬质、半硬质和软质三种。硬质纤维板在高温高压下成型而制得，软质纤维板不经过热压处理而制成。纤维板可用于制作包装箱及其他包装材料。

3. 刨花板

刨花板又称碎木板或木屑板。将原木加工成包装箱后剩余的边角、碎木、刨花经切碎加工后与黏合剂拌和，再经加热压制而成。它的板面宽平、花纹美丽，没有木材的天然缺陷，但易吸潮。吸水后膨胀率较大，且强度不高，一般作为小型包装容器。

（四）金属包装材料

金属业的发展，为包装设计提供了更丰富的形式。从 19 世纪初期金属材料用于包装到现在，金属包装已产生了巨大的飞跃。金属材料具有成型快、抗撞击性强、密封性好的特点，能隔绝空气、光线，使产品能够长时间保存。随着金属业的发展，制造技术的进步，金属包装也越来越美观，成为深受人们喜爱的包装形式。在金属材料中，用量最大的是镀锌、镀锡薄钢板和金属箔两大类。另外，还有以金属材料为底料与其他材料复合在一起的金属复合包装材料。现在常用的金属包装材料主要有马口铁皮、铝及铝箔、金属软管等。

马口铁皮又称镀锡铁，采用电镀技术将高纯度的锡镀在铁皮表面，并附上氧化膜和油膜，它是最早使用的金属包装材料，主要用于食品罐头包装。铝材是近几年使用量较大的制罐包装材料。铝材相对密度轻、质地软，具有耐腐蚀性，无毒无味，不生锈变色，易加工成型，是易拉罐产品的主要材料。而铝箔也是理想的铝质包装材料，它也具有良好的适用性，防湿、保温、防霉、防菌，还具有明亮的光泽，适合印刷、着色、压花等工艺处理。金属软管的主要材料为锡、铝、铅等，是半流质、膏质类产品的包装容器，具有保护性好、完全密封等特点。其中，锡制软管适合作食品及药品的包装，而铅制软管适合黏合剂、油漆、鞋油等非食用产品。

金属材质是设计师用来提升品牌档次、显示品牌尊贵气质的一种有效的创意手段。但是在我国，由于材料、价格和加工、回收方面的问题，金属材料的用量较少。考虑到这些因素，金属复合材料的应用也越来越得到社会的重视。

1. 金属罐

早在 19 世纪，金属罐就存在了，早期的马口铁罐或镀锌罐子的使用是为了给英国军队供应食物，后来才被引进到美国。现在的金属罐除了重量轻之外，也具有了防食物腐坏的功能。一般的金属罐分为两片罐与三片罐的设计。两片罐指的是有底部的圆柱壁与另外组装的易开片。这些金属罐都没有侧缝，因此印刷可以完全包围筒状的表面。碳酸饮料罐（图 3-31）就是两片罐印刷的最佳范例。三片罐是一个圆筒结构与另外两块分开组合的铁片。一般三片罐都有展示品牌识别与产品信息的纸

图 3-31　金属罐

标签，如罐头制的蔬菜与汤。三片罐都会经过密封处理，因此保存期限比较长；它们拥有与玻璃材质一样的惰性特质，因此可提供良好的保护。金属罐包装具有结实、节省空间与可回收的特性。

2. 金属管

一般的金属管是由铝制成的，经常运用于药品、健康与美妆产品，如乳霜、凝露、软膏、润滑油；或是其他半固态产品，如黏着剂、密封胶、填缝剂及涂料等，都是常见的管状包装。为了防止产品腐坏而对管子做特殊压层处理，不但使其轻盈，同时也给予产品有效的保护（图3-32）。

图3-32 金属管

（五）玻璃材质包装材料

玻璃容器的形状、尺寸与颜色都有很多的选择性，是消费品类别中最常见的包装。玻璃可被塑造成多元的特殊造型、大小不同的开口尺寸与浮雕装饰的点缀，除了这些之外，也可增加其他装饰性加工，以提升包装设计的整体创新性。玻璃天然的惰性特质（意指不会与盛装物起反应），适合于盛装容易对特定食品、药物及其他产品种类起反应的物质。

玻璃应用于包装已经有很长的历史。早在公元前15、16世纪，古埃及人就已经使用了玻璃容器。玻璃的主要原料是长石、石灰石、石英砂等天然矿石，因此它具有良好的光学性能，透明度高，抗腐蚀性强，几乎与任何化学性物体接触都不会发生材料性质的变化。作为包装用材，它是随着玻璃制造业的规模生产而发展起来的。现在，它主要用于食品、饮料、酒类、调味品、化妆品、药品及一切液态产品等的包装。优点是可塑性高、透明性高、抗腐蚀性强、耐气候变化、易清洗，以及可回收利用等；缺点是重量大、易破碎、运输和存储成本较高等。因此，在具体产品设计时要有针对性地选择，避其忌而扬其利。

玻璃容器成型方法主要有人工吹制、机械吹制
和挤压成型三种。人工吹制是传统的手工艺制造方
法，现在多用于制作形状复杂的工艺品包装，它成
本高、生产量少，一般用于具有收藏价值的珍贵商
品；机械吹制是用机器进行的批量化生产，主要用
于造型标准、大规模生产的玻璃容器，如现在的白酒、
啤酒用瓶；挤压成型是将玻璃溶化注入模具中挤压
而成的，其表面光泽与纹理一次成型。

图 3-33　玻璃包装

一般人们对于玻璃包装的产品的感知度是比较高的，通常其外观、气味与味
道都会比其他材料所盛装的产品更好，因此，许多含酒精及非碳酸饮料（如运动
饮料、茶、果汁、水）都使用玻璃瓶包装（图 3-33）。

（六）陶瓷材质包装材料

陶瓷作为古老的包装材料之一，其制品分为两大类：陶器和瓷器。陶器是一
种坯体结构较为疏松、致密度较差的制品，通常有一定吸水率，断面粗糙无光，
没有透明性，敲之声音粗哑。瓷器的坯体致密，基本上不吸水，有一定的半透明
性，断面呈石状或贝壳状。

陶瓷的耐热性、耐火性与隔热性比玻璃好，且耐酸和耐药性能优良。陶瓷容
器透气性极低，历经多年不变形、不变质，是理想的食品、化学品的包装容器。
许多陶瓷包装本身又是一件精美的工艺品，在其内容产品用完之后，仍有观赏及
重复使用的价值。如我国一些地方风味的酱菜、调味品，至今仍然采用古色古香、
乡土气息浓厚的陶器包装。由于陶瓷容器在造型、色彩、工艺性等方面具有我国
的民族色彩，所以至今陶瓷包装仍是富有民族传统的、应用广泛的包装容器，在
国内外有广阔的市场。

陶瓷作为包装材料的一种，虽然有诸多优点，但是仍存在些许不足，比如它
所能承受的冲击强度不太高，遇到磕碰容易破碎，因此在运输和拿放的过程中要
极其小心，对其加以保护；其较疏松的质地，不适用盛装易挥发物，不利于包装
使用时间较长的商品。

第四章　现代包装设计的要素与形式美

包装设计在商品品牌影响力中占有重要的地位，商品包装上的标志、色彩、文字信息、图形等视觉要素容易被消费者感知，是商品带给消费者的第一印象，能直接造成消费者视觉上的冲击，是所有品牌建立初期采用的要素。包装企业运用形式美原则设计出优秀的包装造型，能够加深消费者对商品的印象，推动品牌的影响力。

第一节　现代包装设计的视觉要素与表现

在人体的感官中，视觉认知在感受外界变化的过程中占据主要部分。对于商品而言，消费者获取商品功能、品牌、属性等信息的途径主要依赖视觉，换言之，能否打动消费者并使其产生购买行为，主要在于商品的诸多信息能否通过视觉要素恰当地呈现出来，并被消费者认同。

一、色彩

色彩是包装设计中极其重要的视觉元素，对色彩的设计与运用是一种具有创造性的实践活动。在包装设计中，根据产品的特性运用合理的色彩搭配进行设计能够展现产品的个性，也能增强品牌的影响力。色彩具有强烈的表达功能，是艺术设计中常用的一种表达情感的要素，涉及各个学科的方方面面。色彩可以帮助人们识别形象，并对视觉产生吸引力，现代包装设计更是不断追求色彩的变换与样式的新颖。包装中的色彩设计，将艺术渗入技术、审美渗入科学，这要求设计师用鲜明而强有力的色彩来表达其创意。在色彩设计上既要强调外在的表象特征，又要强调其内在的精神因素。

（一）包装色彩的特性

1. 色彩的物理特性

不同的色彩因其色相、明度和纯度的不同，会给人不同的认知和感受。针对不同商品的属性、特点和诉求加以合理利用，可以最大化地求同存异，为消费群体共性认同感的建立产生积极的作用。因此，要根据实际需求，注重营造色彩的调性，如轻重、膨缩、软硬、冷暖，以及色彩表现出的兴奋与沉静、活泼与庄重、华丽与朴素等，充分发挥色彩的物理特性。

2. 人对色彩的心理认知

人对色彩的心理反应来自人的经验，具有一定的主观性。通常体现在情感的传递与互动过程中，是一种视觉到知觉、记忆到认知的心理认知过程。因此，由于人的民族地域、文化背景、生活习惯及个性特征的不同，对色彩的心理认知也不同，探讨和研究这种差异性，可以使色彩在传递商品信息的过程中更具针对性与亲和力，达到最佳的沟通效果。

人们通常用红色表示喜庆、热情，用蓝色表示庄严、稳重，用白色表示纯洁、安静，用黑色表示神秘、沉重。不同的颜色用于不同主体的包装设计，能使人产生丰富的联想和想象，从而更容易刺激人的视觉，更好地表达商品属性，正确引导消费者的消费行为。比如饮料包装中，不同颜色代表不同的口味（图4-1）。

图 4-1　不同颜色的饮料包装

3. 色彩的民族性情感表达

色彩情感表达的适应性和多样性，会因不同国家、不同民族之间在社会经济、政治文化、宗教信仰、地域环境等方面的不同而诱发。如在中国，黄色象征尊贵和光明，红色代表热情和激情，而在另外一些国家、地区、民族，对黄色则有着不同的认知和表述，我们必须对这一现象引起高度重视，尊重和适应不同国家、地域、民族的风俗习惯和情感诉求。

4. 色彩表现出的情感诉求

人的个性和需求不同，对色彩的情感诉求也不同，如女性一般偏爱明度较高、清新淡雅的色调，而多数男性则喜欢深沉、庄重的低纯度色彩（图4-2）。儿童喜欢纯度、明度较高的色调，因此，我们在市场上看到的儿童用品，色彩纯度和明度都相对较高。

图 4-2　主打男性消费的酒包装设计

5. 色彩的时代性情感表现

不同历史时期的人的生活方式、文化背景、审美取向都会带有明显的时代印记，这是社会及诸多因素的变化导致的。不同时代所形成的特征，会对人们消费观念及消费行为的转变产生影响，同时，文化的传承性和创新发展也会带来与时代特征相契合的情感需求。因此，我们要注重色彩的时代性表达，从而彰显色彩的社会与文化属性。

（二）包装中色彩的意义

1. 表现产品特征与属性

（1）准确传递

在商品包装设计中，如何利用色彩有效、真实地传递商品信息，引导消费者对商品的辨识和认同，以及调动消费者的消费欲望，很大程度上取决于色彩的应用能否使消费者达到对商品理性与感性认识的统一。因此，在包装设计中，设计师通常会结合商品本身的色彩相貌来进行内外协调的组织搭配，以达成色彩与商品属性和特质的吻合，并通过色彩的情感体验，使消费者认同和接纳商品。

（2）逆向选择

市场上同类商品的包装，往往会采取同色系来表现，这一做法，虽然符合商品的色彩性格，便于消费者选择，但同时也会某种程度上造成商品个性的削弱。为了在同类商品包装中脱颖而出，设计师往往会采用逆向选择色彩色相的手法来凸显商品，达到吸引消费者视线、引起消费者关注的目的。这种出其不意的表达方式会有一定风险，因此，需要做好前期的市场和消费者调研，做到精准定位（图4-3）。

图4-3 通过强烈的色彩对比引起消费者的关注

（3）性格塑造

色彩的性格特征可以使人产生丰富的联想。探析色彩的性格，有利于我们利用色彩对人的心理作用来充分发挥情感的力量，使消费者感受到商品与自己秉性与好恶的关联，从而增强商品或包装的亲和力。如蓝色，给人一种平静、沉稳的感觉，因此，一些办公环境通常为蓝色基调。粉色具有女性意味，常常在美容会所、妇女商店使用。因此，商品或包装人性化的色彩性格，有利于促进产品的针对性销售及消费者的抉择（图4-4）。

图4-4 女性护肤品粉色包装

2. 契合消费者的情感需求

（1）聚合共性

在商品包装设计中，我们不可能做到根据每一个消费者的诉求，确定色彩的基调，因此要提前对某一类或某一消费群体进行具有针对性的分析和归类、调查和研究，目的是寻找不同消费群体对不同商品的趋同点，并为其确定色彩调性。这种做法是建立在消费群体情感诉求，以及同类商品共性基础上的。可见在包装设计中，寻求共性和消费者共识始终是设计过程中的重要原则之一。

（2）关注个性

消费者的多样化需求和个性化消费趋势，是时代进步的体现。经济的快速发展和商品的极大丰富，助推了商品的细分和包装形式更新。在共性基础上对个性化的关注，不仅反映了市场竞争中商家、企业对生存的现实考量，也为商品包装设计的个性关照，对新材料、新工艺的使用，以及对商品的销售带来新的空间和可能。"小众意识"在逐步觉醒，使消费者的个性诉求被纳入当今包装设计必须要考虑的内容。

（3）创造联想

色彩能够使人产生联想，展现了其自身内涵的意义延伸。不同的色彩会带给消费者不同的心理感受，这就构成了联想意义形成的基础和条件。联想是建立在消费者生活经验和理想诉求基础上的，是人物质与精神追求的高层次诉求，创造色彩联想的空间，可以使消费者切身感受到自身需求与愿望、目标与期待的最大化满足，从而进一步提升商品包装中色彩的价值和意义（图4-5）。

图4-5　色彩的跳跃能让人产生活力

3. 增强产品包装的视觉效果

（1）制造视点

色彩是人们在选择商品过程中，最吸引人注意力的视觉元素之一，在商品日益丰富、信息越来越庞杂的今天，要使商品在众多竞争对手中脱颖而出，色彩起着不可忽视的作用。利用色彩制造视点，已成为当今设计师经常使用的表现手法。而视点的制造，应基于商品背景和特质的故事性、事件性和符号性，充分利用色彩的视觉识别力，引发消费者的心理共鸣和视觉认同（图4-6）。

图 4-6　啤酒包装

（2）创造时尚

人们对流行色彩的关注，体现了一个时期、一个阶段、一部分人群的消费态度和消费取向，因为时尚与流行的可能应建立在对潮流的分析与判断之上。时尚性较强的包装，不仅要求色彩有着强烈的流行色调，而且要满足消费大众对时髦的认识和判断。另外，在包装设计中，还要注意时尚的时间性和辨识性，也就是对未来时尚和流行的预判，这样才能适应不断变化着的市场和消费需求（图4-7）。

图 4-7　与传统元素相结合而表现出潮流感的啤酒包装

（3）引领潮流

一件好的商品包装设计除了对视觉效果的重视以外，更应对消费取向和潮流的引领作用加以关注。不仅是流行样式的附和，同时还应利用色彩的视觉表现元素，使时尚成为热点、流行成为潮流。比如可口可乐饮料的新年款包装设计（图4-8），红色体现了运动、激情和活力，黄色的燕子表现了生命、亲情与和谐，迎合了广大消费者对新年新气象的诉求。因此，在不同背景下而形成的一种色彩流行，一定程度上反映了人们的生活态度和消费取向。

图 4-8 新年款可口可乐包装

（三）包装中色彩的表现

1. 色彩的对比

在商品包装设计中，经常使用纯色对比与复色对比或纯色与复色对比来表现商品的属性和性质，它们之间的关系，一般称为色彩的对比关系。

（1）色相对比

色相对比较强的色彩在画面中的效果，给人以鲜明、活跃、兴奋感，色彩的情感意味也随之更强。而纯度较弱的色相对比则给人一种沉重、端庄感。如玫瑰普洱茶包装（图 4-9），采用典雅古朴的色相对比，给人一种醇厚浓郁的感受，它与常见的茶类包装的不同之处，是将人对商品的心理认知直接表达出来，以满足消费者的情感诉求。

图 4-9 玫瑰普洱茶包装

（2）明度对比

明度对比在包装设计中是常见使用手法，给人一种主次分明、赏心悦目的感觉。色彩调性通过色彩的明度对比渲染色彩情绪，强化色彩节奏。如女性化妆品包装，以鲜明的色彩明度对比，营造出一种高贵、淡雅的色彩基调，使人清新明目

（图4-10）。而男性化妆品包装，多以深色为基调，呈现稳重与力量之感（图4-11）。

图 4-10　女性化妆品包装

图 4-11　男性化妆品包装

（3）纯度对比

色彩纯度不同，其鲜艳度也不同，可以是一种色相纯度的对比，也可以是不同色相之间的纯度对比。在包装设计中，恰当运用色彩纯度对比可以形成丰富的色调，提升视觉表现力。例如，在食品包装上，通过色彩之间纯度的对比可以传达出产品的口味与品质，像巧克力、糖果等食品包装，通常多采用纯度较高的色彩为基调，给人一种味醇、浓郁的感受（图4-12）。

图 4-12　巧克力包装

（4）补色对比

色彩的补色对比是所有对比关系中最具视觉表现力的一种，这种对比关系最大化地体现了对比的力度。商品包装设计中，补色对比形成的视效，更强烈、更丰富、更具冲击力。如红与绿、黄与紫、蓝与橙的对比，他们之间既互为对立又互为作用，还可以通过面积、位置的调整强化产品的性格特点（图4-13）。

图 4-13　糖果包装

（5）冷暖对比

色彩的冷暖对比是感知色彩温差的手段，受到色彩的色相、明度、纯度的影响，是在一种相对的状态下形成的。因此，同一种色彩处于不同的色彩环境时会表现出不同的冷暖倾向，掌握这种冷暖变化的规律，驾驭它们之间的关系，可以将商品包装的画面组织得更有韵味，更有变化和层次（图4-14）。

图 4-14　啤酒包装

2. 色彩的调和

色彩调和的含义，是对不同的色彩进行针对性的合理搭配、科学布局，使之处于协调统一的状态。色彩的调和作用，关系到一件商品包装设计的成败，因此，我们要充分认识到色彩在调和各种因素、元素中的重要作用。如商品包装中高明度、高纯度的色彩对比，可以通过添加互为同类色的色彩进行调和，如在黑与白对比中增加不同层次的灰色，在黄色与蓝色中加入黄绿、绿蓝色等（图4-15）。

图 4-15　面膜包装

色彩、文字与图形是商品包装设计的重要视觉元素，它在决定包装的属性风格、调性以及品质等方面的作用是不容忽视的。同时，对色彩的控制也是一个包装设计师必备的专业技能。商品包装的色彩通过多渠道的情感表达，能够架起沟通商品与消费者之间的桥梁，发挥其情感的力量，从而促进当今商品包装设计质量与水平的进一步提升。

二、文字元素

文字是"形"和"义"的载体，作为视觉传达的有效工具，它在包装设计中起着举足轻重的作用，是传达商品信息必不可少的组成部分。曾有人给予包装文字高度评价：在商品的包装上可以没有图形，但不能没有文字。消费者通常凭借包装上的文字去认识和理解商品的品质、性能、产地、使用方法等信息，从而了解产品的企业文化。优秀的包装文字不仅能清晰准确地传达出商品的属性，更能以其独特的视觉效果吸引消费者的关注，有助于树立良好的商品形象，促进商品销售。

包装文字设计是一种既有审美意义又具有信息意义的综合性设计，它是以研究字体结构、字体联想以及文字编排为主要内容，探讨文字造型风格理论与技术的设计，包括情调确立、字形提炼、文字编排、构图分析以及形式表现等一系列思维创造过程。在设计包装文字时，应该注意把握商品的具体要求，结合商品的物质性能和信息受众以及包装容器的造型、结构材料与工艺手段等方面进行综合的分析，不仅要考虑到文字表意性的传达功能，同时还要注意文字表现性的装饰功能。

（一）包装文字的类型

1. 基本文字

基本文字一般指商品名称、品牌、企业标识、生产厂家及地址等文字。商品名称、品牌一般安排在包装的主展示面上，造型独特、色彩丰富，主要以中文字体为主，仿宋、黑体以及艺术字体均可，但要求内容明确、造型优美、个性突出、易于辨认、富有现代感。在图 4-16 所示的巧克力包装中，商品名称与品牌采用粗大的字体，被安排在主展

图 4-16　巧克力包装

示面上，非常引人注目。生产厂家及地址一般安排在包装的侧面或背面，通常选用比较规范的印刷字体。企业标识一般是经过专门设计的专用文字，无论是从色彩上还是从形式上，它都代表着产品与企业的形象。企业标识一般具有鲜明的个

性与丰富的视觉表现力，在包装设计中，它是主展示面上的重要元素，一般编排在醒目、直观的位置，让消费者很容易就能看到。

2. 说明文字

说明文字主要是用来说明商品的规格、重量、型号、成分、产地、用途、功效、保质期、生产日期、使用方法、保养方法、生产厂家等信息的文字，有的还兼有广告宣传的作用。说明文字有以下几种类型。

（1）宣传文字

这类文字从消费者的需求特点出发，强调该商品给消费者带来的优于同类商品的特点和好处，以刺激消费者的注意与兴趣，如商品包装上的广告语。宣传性文字的内容应简洁、生动且真实、可信。

（2）介绍文字

这类文字主要是介绍商品的属性、特征，以帮助消费者把握商品的价值，思考该商品是否满足自己的需要，如包装上的关于商品规格、重量、用途、功效等文字。

（3）提示文字

这类文字主要是说明使用方法、用法用量、注意事项等信息，作用在于指导消费者正确地使用商品，防止操作失误引发的事故，如药品包装上的使用方法、化学用品包装上的警告文字等。

（4）祝福文字

这类文字以祝福、赞美等美好词句来激发消费者的情感，拉近与消费者之间的距离，如节日期间包装上的祝福语等。

说明性文字往往在消费者购买决策中起到重要的推动作用，字体应清晰、顺畅。为了方便阅读和理解，常用统一规范的印刷字体，其编排位置根据文字的主次关系和包装的形态而定（图 4-17）。

图 4-17　说明文字

3. 广告文字

广告文字是宣传商品的推销性文字，有宣传口号、广告提示等。广告文字的内容可根据商品宣传的需要灵活变动，但是内容应该真实、简洁、生动，且符合相关的行业法规（图4-18）。

图 4-18　广告文字

（二）包装文字设计的原则与变化形式

1. 包装文字设计的原则

（1）可读性

文字最基本、最重要的功能是信息的交流与沟通，这是在品牌字体设计中必须遵循的原则。在进行品牌字体设计时，一般将形象变化较大的部分安排在次要的笔画上，以保证文字本身的绘写规律，确保文字的可读性。

（2）统一性

在进行文字设计的时候，既要注意文字类型与字号的统一性，也要注意形式与内容的统一性。在设计的过程中，为了得到丰富的画面效果，通常会采用大小不一或字体不一的文字。需要注意的是，在进行文字设计时，包装中文字字体的种类不宜过多，一般来说不要超过三种字体，否则会造成凌乱的感觉。除此之外，还要注意文字大小要得当，颜色要有所区别，且文字风格不可以相差太多。在进行包装的视觉要素设计时，首先要对所需包装的商品有一个基本的了解，然后选择适合商品属性的文字，例如，在进行儿童类商品包装设计的时候，通常选用活泼、稚嫩、天真的文字。根据商品的特性选择文字，使得文字的性格与商品特性吻合，有利于更好地传达商品信息。将文字的形式与内容进行统一，既能给消费者带来协调舒适的感觉，也能更好地把商品包装的独立性转化为对内容的从属性，实现真正的价值美。

（3）准确性

品牌字体的设计应该围绕产品的内容来进行。品牌字体的视觉特征应该符合商品本身的属性特点或卖点，使形式和内容得到统一，并准确地反映商品信息。

2. 包装文字设计的变化形式

（1）笔形变化

各种基础字体都有自己独特的笔形特征。在进行品牌字体的笔形变化设计时，必须注意变化的统一性和协调性，保持主笔画的基本绘写规律。

（2）外形变化

通过拉长、压扁、倾斜、弯曲、角度立体化等手法，改变文字的外部结构。对于复杂的外形或与文字本身外形差距较大的形状，尽量避免使用。

（3）排列变化

打破文字原有的规整排列，重新安排排列秩序，可以使品牌字体呈现出全新的动感和生命力；还可以调整字符之间的距离，构成独特的视觉效果，但必须符合人们的阅读习惯。

（4）结构变化

基础字体的结构通常疏密有致、布局均匀、重心统一，并位于视觉中心处。改变文字的笔画疏密关系或文字的重心，可以使字体变得新颖别致。需要注意在变化字体结构的时候保证变化的统一性，避免出现杂乱的效果。

（三）包装文字设计的表现形式

1. 字形变化

对品牌字体整体外形做透视、弯曲、倾斜、宽窄变化（图4-19）。

图 4-19　某茶饼的包装字形

2. 笔形装饰

对笔形特征进行图案化、线形变化、立体化等装饰（图4-20）。

图4-20　啤酒包装上的立体化文字

3. 重叠与透叠

将文字与图形或文字与文字进行重叠，并透出相交的部分形态，使字符之间的关系更加紧密，强调层次感和整体感（图4-21）。

图4-21　啤酒包装上的文字重叠

4. 断笔与缺笔

对文字中个别次要的笔画进行断开或省略化处理，但需要注意保证可读性。

5. 借笔与连笔

借笔是指运用共用形的手法使整体品牌字体造型更加简洁并富有趣味，连笔则增强了整体感。这类手法对字与字之间的联系要求较高，并不适用于所有文字（图4-22）。

图 4-22 包装中的连笔

6. 变异

在统一的整体形象中对个别部分或笔画进行造型变化，使文字的含义更加形象化（图 4-23）。

图 4-23 啤酒包装上的文字变异

7. 图地反转

运用图与地之间阴阳共生的关系，充分发挥品牌字体中的空白部分（地）的表现力，使字体形象更加紧凑（图 4-24）。

图 4-24 啤酒包装上的文字反转

8. 空间变化

运用透视、光影、投影、空间旋转、笔画转折等立体化形象处理手法使字体更加醒目。

9. 排列变化

重新编排字符之间的排列关系，增强活力，使空间富有变化。

10. 形象化

将文字与具体形象相结合，使文字的含义更加外露，有利于信息传达，并且更易记忆。

11. 手写体

运用毛笔、钢笔等不同风格的笔形特征或不同肌理的纸张，产生视觉风格的多样性。但需要结合商品的属性和个性进行设计。

三、图形元素

色彩对人的视觉刺激性非常强，而图形的注意力仅占人视觉的 20% 左右。但色彩在完成了吸引视觉的作用后，图形的作用就会陡然上升。合情合理、有趣幽默以及逼真诱人的图形设计，是抓住人的视觉并使其有兴趣进一步阅读的关键。因此，在设计中图形元素的表现和处理，对于包装而言也是至关重要的。图形语言具有直观性、丰富性和生动性特征，是对商品信息较为直接的表现方法。图形语言可以通过视觉上的吸引力，突破语言、文化、地域等方面的限制，直接激发消费者的购买欲望。

（一）包装图形的功能

1. 再现商品形象

再现商品的形象，指的是采用实物照片、写实插画等手法对商品形象进行艺术处理后直接呈现在包装上，使人一目了然。常常用于重在表现新鲜美味、真材实料的食品饮料包装上，使消费者能够快速了解商品的外形、材质、色泽、口味等信息，营造直观、真实的感受（图4-25）。

图 4-25 饮料包装

2. 展示材料信息

在包装上采用提示商品和包装材料信息的做法，不仅有助于消费者对商品特性和包装用材的了解，同时还能起到迎合消费者对健康、安全、环保等的心理诉求的作用。特别是与众不同或具有特色的原材料呈现，有利于突出商品的功能、个性及产品生产企业的社会公共意识。

3. 展现成品形象

以商品的完整形象作为商品包装上的图示，可以满足消费者对产品的终极诉求。其"联结"的作用和意义，能够加快消费者心理认知的进程。例如，半成品食品包装就存在以组合后或烹饪后的形象展示，甚至有的服装包装，以穿在人身上的效果来展示（图 4-26）。

图 4-26 水饺包装

4. 呈现地域风貌

对于具有强烈民族、地域特色的商品，承载着众多的传统、历史及个性信息，其产地往往被看作是商品品质和特色的象征。包装中的视觉图形也经常取自商品产地的特殊人文和自然景观中的文化及物质元素，目的是强调商品的独特性（图 4-27）。

图 4-27　某品牌大米包装盒

5. 体现消费诉求

在包装设计上置入消费者形象，可以拉近商品与消费者之间的距离，特别是那些不适合直接用商品自身形象表达的商品，可以借助消费者的形象、动作、表情来促进消费者对商品特性、性能、用途等的了解，增加亲切感和可信度。另外，包装上直接采用目标消费者形象以及再现消费者使用场景，也会使包装在反映商品使用状况的同时，更容易吸引目标消费群的关注并得到认同（图 4-28）。

图 4-28　可口可乐包装

6. 强化品牌形象

品牌是商品形象传播过程中的身份象征，它不仅是商品形象宣传的需要，同时也是现代市场经济和市场竞争规范化的产物，品牌形象力的建构已成为现代企业发展的核心内容。利用品牌或商标作为包装中主要的视觉元素，可以强化消费者对商品品牌的认知与记忆（图 4-29）。

图 4-29 肯德基包装

7. 示意使用方式

根据商品的使用特点，在包装上以图展示商品使用的方法和程序，是一种宣传商品的有效手段，既方便消费者直接了解商品使用规范，又会给人留下贴心的印象。例如，一些小家电或新型商品往往在包装上用图形与文字配合的形式展示商品的使用方法及其过程。

8. 装饰美化商品

利用装饰性图形纹样美化商品或包装，可以增强包装设计的形式感，使商品包装形象更具独特的艺术韵味，是包装设计中不可或缺的表现手法，可直接对商品进行装饰性的美化，也可作为辅助图形使用。如在传统、土特产和文化用品的包装上施以具象或抽象的民间图案，利于突出商品的文化属性和民族地域特征（图 4-30）。

图 4-30 土特产包装

（二）包装图形的表现形式

1. 实物图形

（1）产品实物

通过摄影或绘画等写实手法，并经由一定的美化处理，精确或较为精确地表现产品形象，使消费者可以明确地得知产品的外形样式、色彩类型等直观信息，可以帮助消费者迅速做出购买决定，如一些食品、日用品、小电器等常采用此类图形。

（2）产品原料

有些产品的实物形象难于直接表现，但却可以从产品的原料形象上入手，通过写实手法，凸显原料品质，也会让消费者对产品产生较好的印象，如果汁等饮料产品多采用美好的水果形象诠释果汁质量。

2. 象征图形

象征图形是介于具象形与抽象形之间的形态，既能传递一定的具象信息，又可以借助抽象性、概括性或异化性的表达，使形式语言达成超越具象形与抽象形的意境。在包装设计中，象征形是被广泛应用的，因为其象征性的表达特点使得图形语言更加耐人寻味。

（三）包装图形的表现方法

1. 拍照

摄影是常用的表现商品客观形象的手法，有研究表明，人对于图像的记忆速度比文字快 4 倍。用照片展示商品外观、说明商品功能、传达特点优点，能够集中体现商品的核心部分，显得直观可信。比如用在食品的包装上，可以明确呈现食品的新鲜、重量、样态等特征。照片的内容可以是说明性的，明确地告诉消费者包装中的商品是什么，也可以是隐喻性的，运用一种生动的方式来表现品牌承诺，吸引并维系消费者的注意力，凝结一种感情或情绪，满足一种欲望或需求。摄影内容、风格、色彩、图片处理方式需要与商品的品牌定位、价值、风格相关联（图4-31）。

图 4-31　金利鸭包装

2. 动漫卡通

随着动漫艺术的流行，卡通这一原本出现在影视及绘本中的艺术形式逐渐影响到商业领域，它以最为接近平民的审美趣味，运用以简御繁、夸张通俗的表现形式得到认可并流行起来，尤其是在青少年一代消费群体当中。它通常通过虚构、变形、比喻、象征、假借等不同手法，以图述事，尤其是它的幽默、谐趣、可爱的形象，为我们注入了更多的情趣，因此在商品包装中得到广泛应用（图4-32）。

图 4-32　卡通图形包装

3. 插画

插画是指解释文字内容的图画，它的功能属性体现在配合、说明和进一步描述商品信息的辅助作用，主要分为手绘和电脑辅助绘制两种。

手绘插画历史悠久，形式繁多，手法各异，涉及多种材料和表现技法。常见有水彩、水粉、油彩、丙烯、马克笔、钢笔、铅笔、色粉笔等，形成了各自的表现特点，如水彩画的色彩明快亮丽、马克笔自然随意、色粉笔细腻丰富、蜡笔粗犷活泼等。同时也可将各种材料和技法综合运用，发挥各自所长，达到更为丰富的视觉效果（图4-33）。电脑辅助绘图可以通过程序、软件来模拟各种手绘插画效果，同时也可形成具有自身独特风格的插画。电脑辅助绘图不仅方便快捷而且可以进行反复修改，同时还可以生成不同于手绘插图的视觉效果（图4-34）。

图 4-33　手绘插画包装　　　　　图 4-34　电脑绘制插画包装

手绘插画和电脑辅助绘图各有所长。虽然随着绘图软件和硬件技术的不断提升，电脑虽然能够模拟出手绘插画的形式风格，但目前还无法完全替代手绘插画。许多插画作者也经常采用两者结合的方法，先用手绘，再输入电脑进行后期加工处理。近些年电脑手写板和触摸屏技术的发展也使得电脑辅助绘图与传统手绘插图进一步发生融合，从而扩大了插画的创作空间，丰富了插画的表现力。

四、图表信息

包装中的信息图表设计是指将抽象繁复的数据、概念和信息，经过解析、梳理和整合，以直观、凝练、清晰的视觉图形符号和表格传达产品信息，使人们用最少的时间了解和理解信息。研究表明，纯文字的商品标签内容仅有 70% 的人能够完全理解，而文字与图形结合的标签内容的理解度则高达 95%，而且在文字与图形结合的说明指导下理解信息和产品使用的效率是纯文字说明的三倍以上。因此，商品包装中的信息图表设计已成为当今包装设计的重要视觉表现元素。

（一）图表信息的作用

从传播的角度，信息的真正目的是借助语言、文字和图像等顺利而准确地向观者传达信息。信息图表设计的目的则是通过对目标信息进行分析、概括和梳理，将其逻辑化、条理化和可视化。在信息图表设计建构过程中，须依据图形、色彩等视觉元素在人的生理和心理上的认知差异创造信息的视觉语言，以图形和色彩等视觉元素在空间中的组合关系表达信息逻辑上的含义、层次与关系，继而以可视的且具审美意蕴的二维图像呈现，构建一个信息发布者与接收者的沟通空间，从而达到有效传达信息的目的。信息图表设计对信息进行处理的技巧，可以提高人们识别信息的效能，首先要进行语言的转译，即在满足受众的诉求和接受的基础之上，把生涩难懂的技术语言转译为通俗易懂的图表语言。

从受众角度，包装信息图表设计的意义是对"人"的尊重。一方面能够找到理解受众的视角，尊重他们不同的文化背景与程度，通过简单易懂的表现形式将信息快速、准确、有效地与受众沟通，力求消除理解上的偏差，做到善解人意。另一方面是建立良好的人与物的关系，包装中的信息图表主要是对产品的特色、使用方法、主要成分和相关禁忌的说明，应在原有信息的基础上，以有趣、简洁和便捷的方式对信息进行优化，方便受众的阅读和理解，从而体现对"人"的关照。

从企业角度讲，包装信息图表设计的意义在于有效、独特地塑造美的品牌形象。品牌形象可分为有形和无形两部分，有形指的是品牌产品的功能性，无形则是指品牌形象的个性特征和独特魅力。有效的信息图表设计不仅能够使消费者便捷地认知和参照，同时，还应把产品特点和服务意识的延伸意义与品牌形象联系起来，将产品功能性体现和品牌的形象力塑造有机结合，形成有形与无形的统一。

（二）图表信息的类型

包装上的信息图表大致可分为说明图、关联图、统计图、图标和表格等类型。

说明图是指运用插图或图片对事物进行介绍和说明。包装上的有些商品信息仅靠文字是很难清晰和有效传达的。例如，产品的使用方法、组装方法、结构等，往往要通过插图或图片来进行表述，有时还会以直观看不到的角度进行描述、讲解事物内部的结构；大多数时候还需配以文字补充说明。

关联图，也称为关系图，是将复杂问题的各因素串联起来，以呈现它们之间的关联和关系。它可以用来展现事物之间"原因和结果"的纵向关系，也可以用来表现事物之间"目的和手段"的横向关系。包装上的关联图可将产品所针对的复杂问题的多种因素通过分析整理，以一种较清晰简洁的图表形式表现，常用于清晰传达产品的功能与特性。

统计图是指以几何图形、事物形象将统计数字表现出来，并通过一定的排列展示其数量关系。通常可以通过图形将复杂的统计数字之间的发展过程和对比关系形象化，使人一目了然。统计图是整理、分析和呈现统计数据的主要方式，其主要用途包括表示现象间的对比关系、展示总体结构、揭示现象间的依存关系、反映总体中各要素的分配情况、说明现象在空间上的分布情况等。可用来表现产品的成分配比、功能功效等。

图标是指能够表述某个事物特征、目的、属性或状态的符号，应具有一定的通用性质。包装上的图标可以用来揭示或解释一个产品的特征、优点，也可通过操控图标的数量传达出更多的优势或展示同一品牌不同产品的区别。图标也可以配以辅助文字解释产品的用途和使用方法，还可以用来传达产品的环保信息、适用范围和安全警示等。

表格是指根据特定的标准设置横纵排列将信息进行区分、罗列，既是一种数据整理的手段，又是一种常用的信息整合方式。表格从结构上分为行、列和单元格，在呈现信息时，可通过行、列和单元格的大小、颜色或字体的变化强调需突出的信息。包装上的表格可根据实际需求灵活设计，应尽可能地凸显消费者关注的信息，弱化次要信息，从而能够给消费者的选择提供引导和帮助。

包装中信息图表的种类很多，各自的功能性质也不同，在设计包装上信息图表时要充分考虑商品信息的表达意图，以及对于受众的功用价值，灵活运用各种图表的特征，充分发挥信息图表的作用。

（三）图表信息的内容

1. 产品使用说明

使用说明是指对产品进行介绍和对产品的使用方法和步骤的说明，用来指导消费者在购买产品后对其的正确使用。由于各种产品的功能用法不同，因此使用说明又可分为安装说明、使用方法说明、结构说明和适用范围说明等（图4-35）。

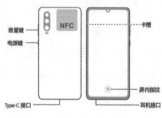

图 4-35　某品牌手机的结构说明图

2. 产品优势特征说明

产品特性优势说明是用以表明产品除应具有的基本功能外所具有的其他特性和优势。产品的特性是形成竞争力的主要内容，也是产品寻求差别化的途径，每个产品的特性都有可能打动和吸引不同的消费者。在包装上有效呈现出消费者需要且有价值的产品特性信息，已成为产品最有竞争力的武器之一。不同类别的产品都有自己的特性，它是影响消费者认知和购买的主要因素。对产品特性和优势的评价则是消费者基于生活习惯、价值取向和既往经验的认同。因此，在包装设计时，一定要针对消费者的购买动机突出产品的特性和优势，发掘消费者的特殊需求，甚至是找出消费者并不自知的潜在需求，并通过图形或图示展现出来，将特性点转化为消费者的利益点，从而为产品增值增益（图4-36）。

图 4-36　某电磁炉包装上的优势特征说明

3. 产品主要成分说明

国家相关法律规定，食品包装上必须标明该食品的各种成分含量，并且按含量多少的顺序排列。如在包装上必须标明香料、防腐剂、防潮剂等无害添加剂的使用，酒类产品在包装上必须标明酒精含量等。在包装上清晰标示产品的成分含量既是对法律的遵守，更是对消费者的尊重和保护。通常主要成分是以表格形式呈现的，以便于消费者进行对比判断。随着生活水平的提高，消费者对自身健康和环境的关注度越来越高，更希望在产品包装上直接看到与其关注相关的信息。如方便面袋上标明"非油炸"，速溶咖啡袋上标明"无咖啡因"，花生油瓶上标明"不含黄曲霉素"等，以打消消费者的顾虑。

4. 产品安全说明

因为有些产品的原料成分带有危险性，或是使用中误用错用会产生意外，所以要在包装上提醒消费者注意，以免误判、误用。例如，空气清新剂如果靠近火焰可能易爆，有些产品使用不当可能对产品本身或使用者的皮肤和眼睛造成伤害等。在这类产品包装上，通常会将相关禁忌图标

图 4-37　产品包装上的安全说明

和文字放置在较醒目的位置，起到警示作用。还有的包装上会标示产品的放置方向以及注意事项（图 4-37）。

5. 产品条形码

条形码是一组宽度不同的平行线，按特定格式组合起来的特殊符号。它是国际物品编码协会（EAN）为现代商品设计的一套编码系统，它可以代表世界各地的生产制造商、出口商、批发商、零售商等对应的文字数字信息，一种商品对应一个条形码。它是一种为产、供、销的信息更换所提供的国际语言，也是行业间的管理、销售及计算机应用中的一个快速识别系统。条形码一般被放置在包装背展示面或者侧展示面，以利于光电扫描器阅读，同时不影响主展示面的信息展示。商品条形码的标准尺寸是 37.29 毫米 ×26.26 毫米，放大倍率是 0.8 ～ 2.0。当印刷面积允许时，应选择 1.0 倍率以上的条形码，以满足识读要求。放大倍数越小的条形码，印刷精度要求越高，当印刷精度不能满足要求时，易造成条形码识读困难。

五、编排形式的表现

（一）产品的针对性

编排的形式应针对产品特性、包装样式，寻求具有较高吻合度的表达方式，例如在化妆品的包装中，其视觉元素的编排应体现协调性，尽量避免过强的对比手法，同时可通过留出空白的方法，表现洁净感和优雅感（图4-38）；在食品的包装中，可通过多层次的丰富的编排形式，强调

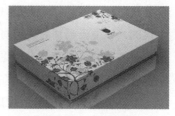

图4-38　化妆品包装盒

浓郁的味道，传递愉悦的心情；在高品质的包装中，注重编排语言的品位追求，让编排的每一个细枝末节都尽显产品的质量和独特魅力；在儿童用品的包装中，通过多变的色彩、欢快的造型、活泼的组合，将动感作为视觉传递主体，对视觉的关注具有强烈的诱惑性。

（二）主题的突出性

在包装设计中主题始终是被追随的表现重点，主题的突出表现可以充分表达包装设计的目的。如果品牌是表现的主题，在图4-39中利用留白衬托品牌图形，整个包装盒上只有这样一个视觉元素，突出的方法虽然简单，但效果是直接有效的。除了以单纯的环境进行主题突出外，为其增加对比性较强的背景或增大主题内容的面积都是常用的手法（图4-40）。此外，也可以通过装饰风格将主题进行突出和阐释（图4-41）。

图4-39　以留白的形式突出主题

图4-40　以较强的背景突出主题

图 4-41　以个性化的装饰突出主题

（三）层次的有序性

编排设计包含的最重要的逻辑关系，就是层次
的关系，层次关系解决的是合理的阅读次序。在设
计中不同的视觉元素间的分量不能平均对待，相同
元素间的分量也需要根据实际情况进行适度区别。
例如，品牌字体与其他阅读文字的字体间应有一定
的大小、形状等区别；图形与文字间的阅读先后要
通过一定的手段分出层次，以突出重点。一般情况

图 4-42　有包装层次效果的设计

下，人们的阅读有自然的视觉流程，如从上到下、从左到右等。但经过特别的引
导设计后，浏览顺序会随之改变。通过大小区别法、面积区别法、色彩区别法、
形状区别法以及内容区别法等单独使用或混合使用，可以使包装的层次效果得以
实现（图 4-42）。

（四）表现的整体性

编排的整体性表现在单体造型中编排语言自身的协调上，表现在系列包装中
编排语言的关联上，表现在对品牌印象、包装主题的强调上。

在同一个包装造型或系列包装造型中，由于设计区域甚至材料都会有所不
同，编排设计应该注意寻找元素排列关系的特点、表现手法的特点以及需要共

同突出的信息等进行统一表现，同时也要
寻求系列设计的关联方法和变化角度，保
证单体造型自身和系列造型相互间形成整
体、一致的效果。例如，系列色彩在色相
变化的同时，纯度或明度一致（图 4-43）；
将品牌或主体的装饰图形以类似比例和位
置进行表现；字体的选用风格一致；排列

图 4-43　显示系列包装的整体性设计

的疏密程度和样式保持一致；统一使用某种纹饰或装饰手法等。

（五）形式的突破性

前面介绍的一些编排技巧是保证包装中编排设计语言能够达成基本的视觉目标，是使包装设计在销售环节能够被识别、被认同的基本手段。而编排形式的突破则是形成独特韵味、造成视觉冲击力或吸引力的一个重要的表现角度，是在秩序中进行适当突破的一种表现手段。编排形式的突破可以借助以下一些角度展开。

1. 编排区域的突破

在常见的编排区域的样式上或使用习惯上进行突破表现，如改变常见编排区域的形式——圆变方、短变长等；跨越平面区域，同一阅读元素被分置在不同的面中形成别致的样式等（图4-44）。

图4-44 葡萄酒包装盒上山水画的分置性设计

2. 编排手法的突破

编排手法的突破可以从图形、色彩、字体这些基本元素的表达样式入手，在主题的限定下广泛地猎取民间的、民族的、传统的、流行的、时尚的设计风格等加以运用，尤其应注重综合性、创新性的利用，从而形成独有的新手法（图4-45）。

图4-45 编排手法的突破性设计

3. 利用造型的突破

由于一些包装造型本身就具有独特的、突破性的样式，编排语言很自然地会随之展现具有个性的构成风格。然而在普通的常见造型中，寻找表现的突破就会更具挑战性。图4-46所示的产品包装中，设计者巧妙将包装盒的上部设计为拱形，并利用包装的盒边位置设计一条系带，使这个特殊的图形更好地发挥了作用，效果十分显著。

图4-46 包装造型的突破性设计

第二节 现代包装设计的形式美法则

一、变化与统一

变化与统一又称多样统一，是形式美的基本规律。任何物体形态总是由点、线、面、颜色和质感、三维虚实空间等元素有机组合而成的一个整体。变化是寻找各部分之间的差异、区别。统一是寻求它们之间的内在联系、共同点或共有特征。没有变化，则单调乏味和缺少生命力；没有统一，则会显得杂乱无章，缺乏和谐与秩序。变化与统一的法则体现了人与自然的生存原则。生命的存在有着一定的规律与秩序，即统

图4-47 包装设计的统一与变化

一性，并且在不断的运动变化中发展。世界是一个统一与变化的整体，艺术同样具有统一性与多样性。在统一中求变化，在变化中求统一，具体表现为一种造型元素就其某一特征在程度上的比较，如色调的深浅变化、形态的大小变化、造型的走势变化等，均统一于画面的整体控制（图4-47）。

（一）变化

变化即包装元素的各个组成部分存在差异。变化是一种智慧、想象的表现，是对种种因素中差异性方面的强调，通常采用对比的手段，造成视觉上的跳跃，同时也能强调个性。

（二）统一

统一并不是完全一样，它指包装是由相似要素所构成的，给人一种和谐感觉的形式。这些要素包括色彩、点线面的组合以及质感等，这些要素的差异性越小，画面的统一性也就越强。统一所要求的不仅仅是构成形象、色彩搭配，抑或是元素组合的单一化，它追求的是一种规律性和协调性，是在有条理的前提下让包装设计整体趋于一致。统一的目的是为了视觉元素在变化的时候有迹可循，有规律可以对其进行指导，进而设计出来的产品包装不会给人一种杂乱无章的感觉。设计师们经常需要适度应用统一的法则，特别是当一个包装上的元素过多时，往往需要运用统一调和的手段对其进行处理。统一的方法有很多，具体列举如下。

1. 形象统一

当构成包装的各个元素形象差异性过大，那么就需要采用统一的方法使它们协调统一。

2. 方向统一

当构成包装的各个元素呈现出方向混乱情况的时候，在不改变构成元素及形象的前提下，需要调整元素方向和顺序，使其达到调和。

3. 表现语言统一

表现语言主要包括描绘物体的具象表现和具体物象的抽象表达两个方面，要想构造包装的表现方法一致，就需要在这两个方面达到统一的效果。

4. 色彩统一

在色彩体系中采用暖色系色相、冷色系色相、同类色相、近似色相等，或采用色相、纯度及明度调和来达到色彩统一的目的。

5. 基调统一

在日常生活中，基调又被人们理解成情调，基调是构成意境和氛围的重要方法和手段，情调和装饰的手段及方法密切相关。一般来说，倘若一个包装设计想烘托的氛围、传达的基调定下来了，那么所需要的色彩选择、风格语言也就定下来了。基调统一是整个统一法则中最神奇、也是最关键的构成部分，基调统一若是把握得好，那么这个画面的美感就会得到升华。

二、均衡与对称

对称与均衡法在包装容器的造型设计中运用最为普遍，日常生活用品的容器造型都采用这种设计手法，它是大众最容易接受的形式。对称法以中轴线为中心轴，两边等量又等形，使人得到良好的视觉平衡感，给人以静态、安稳、庄重、严谨感，但有时显得过于呆板。均衡法用以打破静止局面，追求富于变化的动态美，两边等量但

图 4-48　卡地亚香水包装

不等形，给人以生动活泼、轻松的视觉美感，并具有一种力学的平衡美感（图4-48）。

（一）均衡

均衡的造型设计一般需要先找到一个定点，以那个定点为中心所布局设计的造型可以让人们达到视觉和心理的平衡。均衡所强调的是内在的统一，是各种不同的元素经过特定的组合，以一个定点进行展开设计之后所达到的相对平衡的状态。正因为如此，在对均衡造型进行设计之前，需要找到一个定点，这个定点也被叫作支持点或者重心点，只有以这个定点为中心所布局设计的造型才可以达到统一协调的效果（图4-49）。

图 4-49　包装中的均衡性设计

均衡表现为以下几种形式：

①同量式的均衡，指异形同量式的配置，形的差异富于变化，量的均等又呈现稳定的特点。

②异量式的均衡，指在保持重心稳定的前提下，做异形异量的配置，具有强烈的动感。

③意向式的均衡，指运用虚实、呼应，借助人们的联想求得平衡，使其虚实

相生，呼应相随，更富情趣，更为生动。

（二）对称

所谓对称，指的是不论是色彩肌理抑或是位置面积，都必须达到绝对的平衡相等。在造型设计的历史进程中，对称是最初的也是最为常见的设计法则，直到现在，对称的造型设计应用也非常广泛，大到建筑设计、空间布局，小到艺术器皿、首饰工艺，都可以看到对称造型的身影。据考证，早在石器时代，

图 4-50　包装中的对称性设计

人们开始制造石器开始，就对对称有着一定程度的要求，在这种思想观念的指导下，所制作的器皿也是对称的。这也说明了早在人类历史之初，对称这个艺术理念就被人们所接受并运用到日常生活中。大自然的很多物体也是采用对称的形式构成的，比如有生物体、建筑设计以及生活器皿等一系列东西。在构图上自然也不例外，采用对称的理念和元素进行构图设计，这样设计出来的造型会让人感觉到安稳平和，当然，倘若只追求对称而不追求美感，那样设计出来的造型则会过于呆板，此外，旋转对称是对称中相对比较灵动的构图形式，它的律动和其他对称形式相比要稍加强烈一些（图 4-50）。

（三）均衡和对称的关系

均衡和对称并不是两个完全独立的概念，事实上，均衡和对称在一定条件下可以相处转化。比如我们可以对一些对称的造型稍加调整，就会达到均衡的效果，也可以对均衡的造型稍加调整，转化成对称的造型，简单来说就是均衡和对称有区别，也有联系。就从造型设计这个方面来看，均衡与对称相比，有着更大的变化幅度和更为广阔的变化空间，自然也可以达到更加丰富的艺术效果。另外需要强调的是，均衡造型和对称造型之所以可以带给人们美的享受，是因为它们符合人们的审美标准和视觉习惯，进而达到了人们的审美需求，这种审美体验有的是造型的对称性所带来的。

三、节奏与韵律

节奏与韵律来源于音乐，节奏是按照一定的条理重复连续的排列，形成一种律动的形式。在节奏里注入美的因素和情感，就会产生韵律。众所周知，在艺术领域里，绘画和雕塑具有节奏和韵律，同样，这种美感因素也会在包装设计中得到充分的体现。在包装设计中，节奏是指有条理、有组织地重复同一因素，如点、线、面、体色彩等因素的

图 4-51　包装设计的节奏与韵律

重复运用；韵律则是指在节奏的基础上附加的轻、重、缓、急的音符，是通过视觉来感知的。容器的节奏和韵律是通过对所有因素的排列组合而形成的，它可以通过线条、形状肌理、色彩的变化来表现。富有节奏感和韵律美的造型更加容易吸引消费者，并产生共鸣（图 4-51）。

（一）节奏

节奏为音乐中的名词，是音乐构成中的三大要素之一。由于音乐的节奏规律在其他艺术中有不同程度、不同形式的体现，因而它在广义上已成为各类艺术借用的名词。在音乐中，节奏是指音在时间上的长短、分量、轻重的变化次序。而在各类艺术中，节奏则是指构成因素的大与小、多与少、强与弱、轻与重、虚与实、曲与直、长与短、快与慢的有秩序的变化。没有变化就无所谓节奏，一般讲节奏主要是指变化的条理规则。在造型领域还不能像音乐那样深入具体地研究节奏构成的美，因为造型因素远远多于音乐构成的因素。那些千变万化的形式，不可能由某一公式求得。但在无数经验的累积中也可以找到产生节奏的较好方法，具体的方法有：

①运动迹象的节奏。它是让基本单位在经过的位置上形成一道轨迹，就像中国的书法那样，有连续的动感从而产生节奏；

②生长势态的节奏。基本形的逐级增大、增近、远去或节节增高等形式中形成节奏感；

③反转运动的节奏。线的运动方向或基本形运动的轨迹作左右、上下来回反转，尤其是形成曲线状，可产生强有力的节奏感。

（二）韵律

最开始，"韵律"一词只在诗歌中被使用，指的是诗歌中的声韵和节律。韵律是在整体和谐统一的前提下，有一定形式的规则变化。在造型设计中，韵律也被认为是节奏，是借助造型组成的各个元素来构成的、具有一定规律性的形式，这些元素包括物体形象、色彩搭配和空间架构，不过值得强调的是，韵律不仅对造型构成的节奏有所考虑，它还对造型所表达的情趣有所要求。具体来说，倘若需要对一盆植物进行描绘，设计师的设计理念或是设计意图不同，那么他所采用的处理手段也就不同，那么就会带给人们不同的审美感受，这些感受有的是清明畅快、有的是低郁忧愁、有的柔中有刚、有的生机昂扬……当然倘若对韵律的把握不太恰当，那么设计出的造型就会显得狭隘而呆板。

（三）韵律与节奏的关系

节奏与韵律是有区别的，但两者可以相互联系成一个有机整体。节奏是韵律的基础，是韵律的组成部分；韵律则是节奏的感情体现，是更高层次的发展。在造型中，有效地把握节奏是体现韵律美的关键。

大自然中，很多事物都表现出特定的规律性，它们按照一定的规则秩序继续着生长变化，具有节奏美和韵律美。韵律是重复中蕴含变化，变化中蕴含重复的美感，是节奏的外延和发展。它是在节奏的基础上，又赋予其千变万化的美的体验。节奏是韵律的本质，韵律是丰富了的节奏，充分认识到韵律和节奏的关系对造型设计特别重要。

四、条理与反复

条理与反复也是包装设计形式美的组成部分，是体现包装形式美的重要因素。

（一）条理

在日常生活中，条理是指进行一个事件的组织安排方法；而在包装设计中，条理是指对组成包装的元素进行搜集、整理和概括，使得通过不同的元素构成的包装是一个变化有序的整体。条理的过程可以简单也可以复杂，在对包装进行组织布局的时候，可以通过错落排列以及重复出现使其充满美感；在色彩搭配方面，可以通过采用同一色系的色彩使其有条理又充满美感。总之，设计出来的包装不仅要有条理，还需要充满美感。

（二）反复

反复即以相同或相似的形象进行重复排列，求得整体形象的规整统一，反复的最大特点是削弱原来单位纹样的个体特征，强调或显示反复所形成的一种结构关系。例如，将一个形象作对称化处理，映入人们眼帘的首先是具有强烈形式感的完整对称形，而不是这个形象本身。因为这个被反复了的形象已经构成了一个新的整体（图 4-52）。

反复的形式也是多样的，有绝对反复、相对反复、等级反复等。绝对反复是指单位形象十分规律地重复

图 4-52　葫芦酒瓶

出现，具有稳健均一之感；相对反复指单位形象在重复的过程中发生了位置、方向甚至大小的变化，具有自由活泼之感；等级反复即单位形象按等比或等差的关系进行重复和变化，具有疏密有致、调和而又有微差之感。在运用条理与反复法则时应注意反复间隔的大小、单位形象自身变化的大小都应有适当的尺度。尺度过大会减弱反复的节奏，显得杂乱；过小又会缺乏变化。所以，把握间隔与变化的尺度是取得良好反复效果的重要因素。

五、对比与调和

对比与调和是一对相反的概念，体现出事物的矛盾的状态，也是事物变化及统一的具象化表现，还可表现出事物的差异性以及协调性。对比是事物变化的一种，调和又让变化的事物趋于统一。对比在包装设计中是使图案向"异"的方向变化，令图案构造中对立元素的对比更加明显，让人从视觉上感觉到冲突和对比；调和在包装设计的构造中则是使图案向"同"的方向变化，使构成图案的所有元素达到一种和谐的美感，让人在视觉上感到稳定平和。

世间万物都蕴含着对比调和的规律，无论是物体的大小、声音的高低、色彩的冷暖抑或是节奏的快慢，这些无一不体现出强烈的对比，而这些对比的事物特性又蕴含着联系。倘若我们将相同的或是相似的事物放在一起，那么事物的对比性相对来说就削弱了，一致性也就增加了，这样就达到了事物的调和。在形式美的法则中，对比和调和往往是一起出现的概念，没有调和的对比没有美感，没

有对比的调和也会显得沉闷而单调（图4-53）。

图4-53　包装设计的对比与调和

（一）对比

人们所说的对比，通常指的是在包装中结构或色彩形成强烈反差的比较形式。一般来说，为了突出包装中的某个特定的元素形象或是内容，就会采用对比的手段，使得想要凸显的元素在别的元素的映衬对比下显现出来。对比在包装设计中应用非常广泛，产生效果也不是一成不变的。在对产品包装进行设计的过程中，倘若没有对比的手段，那么千篇一律的形象难免会让人觉得无趣；相反倘若变化过多，各个元素之间的对比太过繁多且强烈，构成的包装又会让人觉得毫无主次可言，从而丧失美感。因此，良好的包装设计不仅需要有变化和对比，所运用的变化和对比还要适度，要处理好形成对比的各个元素之间的关系，使之达到和谐的统一。此外，对比的表现形式也有很多，在造型方面有图案大小和肌理疏密的对比，在形象构图方面有虚实聚散的对比，在色彩搭配方面有纯度明暗的对比等。

（二）调和

调和是指一种整体和谐的视觉状态。当几种视觉要素放置在同一空间中具有基本的共通性和融合性就称之为调和。而最容易理解调和感的是音乐，调和与不调和的区分是较明显的。在包装造型设计领域，调和感并不仅仅指有相同的因素，它是适度、不矛盾、不分离、不排斥的相对稳定状态。统一的因素是一种调和，一种相似的调和；变化的因素也是一种调和，一种相对的调和。调和的组合也保持部分的差异性：当差异性表现强烈、显著时，调和的格局就会向对比的格局转化；当差异性太小，则表现为统一。调和的原则是"统一中求变化，对比中求统一"。

六、比例与尺度

比例与尺度是决定包装产品尺寸与重量的元素之一。比例是形的整体与部分，以及部分与部分之间的比率，它也是一种用几何语言和数学语言来表现现代生活和科学技术的抽象艺术形式。尺度则是指人们的生理和使用方式所形成的合理尺寸范围。在包装造型设计中，无论从实用功能的角度还是从审美角度出发，都离不开比例与尺度。

（一）材料工艺的比例要求

材料和工艺是实现设计意图的关键。抛开比例谈材料与工艺设计是绝对不行的。背离了比例，包装产品制作出来就会不合适。以陶瓷为例，在高温烧制的熔融阶段，如果不确定合适的造型比例，最后的容器造型就会出现变形现象。

（二）容器的尺度关系

容器的尺度和人们长期以来使用习惯所形成的大小概念有直接关系。就一般的饮料（小）瓶来说，为了单手使用方便，瓶子的直径或厚度不能大于手的拇指与中指展开的距离。与其相反，大容量的饮料瓶使用的方式为右手托住底部凹陷处，左手托住瓶身（图4-54）。

图 4-54 容器包装的尺度

第三节 系列化包装设计的视觉优势

一、系列化包装设计的竞争优势

系列化包装设计是指整体、系统的视觉化包装设计体系，可以使商品以整齐规划、整体统一的视觉效果出现在商品货架上。整体统一的视觉效果可以大大增强消费者对品牌、企业形象的认可，在广告宣传与展示效果上也有良好的反映。系列化包装设计通过统一的品牌、造型，以不同的颜色、图案、文字设计反复出现，形成重复视觉效果，呈现出强烈的信息传达力。
这样的设计方式，有利于消费者对产品的识别
和记忆（图4-55）。

图 4-55　系列化包装设计

（一）扩大品牌知名度

系列化包装以商品群的整体面貌出现，声
势宏大，个性鲜明，有着压倒单体商品的视觉
冲击力。即使被超市陈列在较差的视域区，
这种群化阵容仍然能够吸引消费者对商品的关
注，快捷、强烈地传达商品信息（图4-56）。
与此同时，消费者通过反复出现的品牌视觉形
象，将对其产生较为深刻的印象。系列化包装
增加了品牌的认知度，提升了自身与其他同类
产品的竞争力。

图 4-56　超市中的系列包装货架

（二）利于开发新产品

当系列化包装的某一项产品获得了消费者的信任，消费者就可能对该系列的
其他产品也产生信任，从而引起重复消费行为，这有利于企业不断开发新的商品
品种。

（三）提高包装设计效率

系列化包装在设计上能适应商品经济高度发展的需要，缩短设计周期和减少
设计工作量，从而提高设计工作效率。

（四）促进产品销售

经过系列化包装后的产品可以作为一个销售单元进行整体销售，价格与单个
产品比较会相对便宜。这不仅可以吸引更多的消费者，而且当其某一项产品获得
消费者认可，就可能引发对该系列其他产品的信任，引起重复消费行为，乃至延
伸到整个系列的所有产品。

二、系列化包装的形成原因

（一）经济的发展

20 世纪初美国的经济愈发繁荣，中产阶级日益壮大。究其原因是"二战"使西欧各国遭到严重削弱，而美国因远离战场，得以拓展世界市场。到 20 世纪 50 年代中期，全世界一半以上的商品产自美国，美国市场的繁荣导致全世界第一个超级市场的诞生。这些大型购物中心和超级市场的发展，进一步刺激了产品需求。其中最为典型的就是食品需求量的急剧增长，人们对食品消费需求向多样化、多量化、特色化的方向发展。

各大商家纷纷拓展食品运作规模，知名的产品如箭牌、桂格、淳果篮等。通过产品种类的多样化，使其以系列化包装发展的形象大踏步迈进 20 世纪 80 年代。近乎在世界范围内都出现了这种经济繁荣的热闹景象，其中也包括中国。在普通的超级市场内，货架上排满了数万件各式各样的产品，可以轻易地发现其中 80% 都是系列化包装。

（二）建立品牌形象

品牌是产品推广中不可低估的卖点，它可以通过包装展示其独特的竞争优势。而包装设计的主要责任就是品牌推广，并使之在零售货架上占据显赫位置。当旗帜鲜明的品牌名称出现在同类产品的一系列包装上时，无疑是其同一性在发生作用。系列化包装强调了商品群的整体面貌，是树立企业品牌形象、获取品牌竞争优势的有效手段。

（三）包装工艺的发展

20 世纪是人类科技飞速进步的时期，应用最新科学技术成果对包装生产技术进行革新，促进了包装经济的稳定发展。科学技术中所包含的工程技术和包装材料创新等对包装的影响最为重要。材料的创新主要体现在金属铝箔材料和各类塑料的研发方面；工程技术的革新给包装技术、制版印刷技术等带来了革命性的变化，并影响了包装设计的形式转变。

三、系列化包装设计的视觉表现及其手法

（一）系列化包装设计的视觉表现

系列化包装的视觉表现主要体现在两个方面：版面的视觉流程和版面构成形式。

1. 版面的视觉流程

视觉流程是指人们在进行阅读时，随着版面编排的轨迹自然产生的一种视线流动的过程，这是由人们生理和心理习惯形成的。一般来说，人们视觉习惯阅读的顺序是从上到下、从左到右、从左上到右下、从大到小、从近到远等自然产生的一种流动过程。

包装版面视觉流程的目的是要按照包装的定位策略，将品牌名称、形象、图形、厂址、广告语、说明文字等众多的信息资料，借助编排中视觉流程的设计原理，进行包装信息之间轻重、缓急、主次关系的处理，达到视觉信息量传达的最大化目的。

2. 版面构成形式

（1）水平式构成

版面水平式构成是指版面通过水平式的空间分割，形成明显上下两块或三块的组织式样。水平式构成的表现，通常可将图形元素矩形配置在版面的上或下的位置，其他文字等元素依次自上而下或自下而上地安排，构成平衡、稳定的包装版面样式（图4-57）。

图4-57　水平式构成包装设计

（2）垂直式构成

垂直式构成是依据垂直轴线，将信息元素围绕轴线进行变化的基本样式。它具有挺拔向上、流畅隽永的特点。包装版面垂直式构成可用品牌名文字自上而下地作为主体安排，也可将图像、色块作为轴线式结构的主体排版，其他辅助文字或元素围绕轴线主体进行高低错落的变化安排（图4-58）。

图4-58　垂直式构成包装设计

（3）分割式构成

分割式构成是指将版面空间按照设计主旨，划分成两个以上相同或不相同的空间格局，再将信息元素围绕设计的要求进行形状、方向的安排，使版面结构呈现出严谨与秩序（图4-59）。

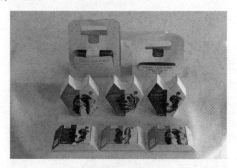

图4-59　分割式构成包装设计

（4）自由式构成

自由式构成的版面是指不受骨骼线的限定，将信息元素进行自由的、散点式的不规则性安排，使版面呈现出活跃、轻松、自由的结构样式（图4-60）。

图 4-60　自由式构成包装设计

（5）倾斜式构成

倾斜式构成是系列包装设计中常见的结构形式。该版面结构通过将主题文字或色块以倾斜的方式进行排版，造成版面主体的一种动势，给人一种积极的视觉语言样态（图 4-61）。

图 4-61　倾斜式构成包装设计

（6）组合式构成

组合式的版面结构设计，是将单项系列包装主要展示面的主题图形元素，通过个体或整体的组合摆放，形成系列包装拼合后的一幅整体画面（图 4-62）。

图 4-62　组合式构成包装设计

（二）系列化包装设计的视觉表现手法

1. 不同规格与造型的设计

同类产品，图形、色彩、文字都相同，只是规格不同，造型有别。这种变化形式多用在化妆品及食品包装中，设计时应多加考虑整体形式在放大、缩小变化后的视觉效果（图4-63）。

图4-63 不同规格与造型的化妆品系列包装设计

2. 不同色彩的设计

同类产品，造型、图形、文字等元素都相同，只是色彩加以变化。这种效果整体性强，应用面广，设计技法相对简单，但变换色彩时应处理好颜色与产品的内在联系以及色彩的对比与调和关系（图4-64）。

图4-64 不同色彩的面膜系列包装设计

3. 不同图形的设计

同类产品的文字、造型、色彩基调相同，不同的只是图形及位置变化，扩大视觉吸引力，增加整体感（图4-65）。

图 4-65　不同图形的啤酒系列包装设计

4. 不同图形及色彩的设计

同类产品，造型和文字相同，但图形不同，所用色彩往往也根据图形主色调的变化而发生相应改变。设计重点在于处理好图形与主色调之间的关系，做到协调统一（图 4-66）。

图 4-66　不同图形及色彩的雪花啤酒系列包装设计

5. 唯品牌不变的设计

同类产品，品牌不变，规格、图形、色彩、文字、造型都有变化。这种变化新颖别致、趣味性强，设计时要保持表现手法的一致性，在图形、色彩、文字与造型中体现同一风格，取得系列化效果。首先，系列化包装设计的表现手段是多样的，设计时最关键的一点是要把握包装设计中始终不变的共性因素，即商标、字体、图形以及版式的表现风格，保持它们的一致性，使之产生良好的视觉效果。其次，使用系列化包装的产品仅限于同类产品，不得让非同类产品渗入其中，避免产生杂乱无章之感，进而对消费者造成误导。另外，系列化包装设计的档次要分明，同档次的产品可以进行此种包装，不同档次的同类产品不宜采取此法。如果产品档次参差不齐，却以系列化包装出现，则会失去销售价值，影响消费者对整个品牌的信赖度（图 4-67）。

图 4-67　香薰系列包装设计

第五章　包装创新设计的视角与路径

包装是产品的保护壳，也是宣传商品的物质载体。独特优秀的包装设计能让人耳目一新、过目难忘，并潜移默化地影响消费者对这种商品的使用。要想获得与众不同的产品包装，设计师必须要突破自己的认知局限，在日常生活中寻找灵感，学习借鉴优秀的包装设计，开拓自己的视野，发展创新思维，形成个性化的创意设计思路。

第一节　包装设计创新的原动力

一、环境的影响

营销环境随着时代的发展而不断地发生变化，对包装设计也产生了不可忽视的影响，促使包装设计进行创新以适应新的消费环境。

在当前这个信息技术革命与商品经济社会交叠的时代，营销环境、营销观念和营销方式都在发生着快速而显著的变化，商品包装设计在未来一段时间内的发展趋势如何，包装设计业界和高校包装设计课程有必要对其进行关注和研究。从宏观上认识和把握营销环境、观念的当下状态与发展趋势，有利于培养设计师和学生把握设计导向的能力，乃至确立良好的设计价值观。而对于微观营销环境的洞悉，则对有效解决具体的设计任务有着直接而紧密的作用。

在新的环境中，仍然沿用老的设计理念与方法，犹如把在省道上的交通规则与驾驶方式，运用到高速公路上，有相似性但显然是不一样的。因此，需要创新设计理念、技术与方法来适应新的营销环境。我们需要分析究竟发生了怎样的改变，才好研讨如何创新以应对。

（一）电子商务的兴起

1. 电商对包装功能重心的影响

当前，B2C 这一新兴的零售模式，正开辟着零售业迥然不同的新格局。零售模式的改变，也将决定性地引发零售终端的变化，并带来商品包装的改变。

B2C 是英文"Business-to-Customer"的缩写，即商家到顾客，是近年来方兴未艾的一种电子商务模式，主要通过互联网开展在线销售活动，面向消费者销售产品和服务。

在生活中，B2C 已经让人们感受到了相当大的改变，其中尤为明显的是：终端陈列方式、消费者购物状态与体验、商品查找方式、购买决策依据、物流方式等。这些改变促使包装功能的重心发生了偏移。

2. 电商促使消费形式发生转变

在以往的购物消费中，消费者会前往超市，直接对商品信息进行了解后再决定是否购买某件商品，然后到收银台付款结束后带着商品离开。这是典型的先看实货再付费的"售前包装"形式。在 B2C 的模式中，消费者往往通过网页而非包装上的信息来了解商品，并通过查看大量其他消费者评价，以评估自己是否购买该款商品。消费者直接通过网络平台下单，付款结束后要等待一定的时间才能拿到商品。这是新兴的先付费后才能看到实货的"售后包装"形式。

不管是在商场先看到实物再付款，还是在网页上先付款才能见到实物，商品信息、包装及其消费者对商品的评价都是影响商品销售的重要因素。而可信的消费者评价，是可以对产品、包装和广告形象起到颠覆性作用的。在传统实体店，消费者难以获取其他人的消费评价，因而会更依赖包装形象及其承载的信息来作为购买决策的依据。在 B2C 的模式中，由于对商品和包装的实物感受不完整，购买决策依据更依赖于 B2C 网站的诚信、品牌影响力、网页对商品的介绍，以及消费者评价。其中，消费者的评价是决定人们是否购买该商品的重要因素，具有决定性的参考价值。而这种起着决定性的商品评价在商场中很难获得，但却是 B2C 零售模式的一大亮点。正如人们所看到的，在亚马逊、京东、淘宝等知名 B2C 平台中，用户评价已经成为保障销售必不可少的重要内容之一。

B2C 改变了传统超市的零售模式，使承载商品基本信息的载体由包装扩展到网页，甚至以网页为主。这种改变，使包装的性质从"售前包装"转为"售后包装"。而大量可信的消费者评价，则是保证"售后包装"能够顺利销售的重要条件,甚至使消费者主要倚重消费评价而非包装上的信息来评估自己的购买决策。

3. 电商改变了商品的陈列方式

不同的商场销售的商品不同,对商品的陈列方式与检索信息也存在差异,所以产品包装也表现出不同的功能。

在普通的实体商场中,商品虽然不属于同一个品牌,但因为其均为同类所以被摆放在同一个区域。在主流的零售终端超市里,这样的货架总是"寸土寸金"地被构建成一片拥塞密集的商品场景。于是,要有效达成商品"交换"的目的,大多数时候,必须先让商品引起消费者的注意。商品要想在一大片同类产品中脱颖而出,作为吸引人的第一视觉元素——商品包装就显得格外重要。只有独特、突出的包装才能吸引人们的眼球,增强商品的竞争力,从而让商品在货架背景中表现出与众不同。在 B2C 的模式中,商品通常是由若干图片共页或者逐页展示,其所构成的"货架背景"相对于传统卖场要显得单纯轻松得多。这就使 B2C 中的商品包装,不再需要像传统卖场中的包装那样竭尽所能地增强"货架竞争力"。

在传统的购物过程中,消费者总是被动地选择商品,在一个个货架前按着顺序逐行浏览以期获得想要购买的产品。但在 B2C 的模式中,消费者可以完全免去这种麻烦,只需要在相应的购物网页中输入想买商品的关键词或勾选符合的选项,就能快速检索出所需的一系列商品。查找与检索商品的不同形式,也改变了"货架竞争力"对商品包装的影响力。在商场或很多实体店中,为了提升商品的销售量,设计师在设计产品包装时,还需要将货架竞争力纳入设计的考虑中,从而设计出能在货架中脱颖而出的产品包装,以吸引人们的注意力。而在 B2C 的模式中,由于人们是先想到需要购买的商品再去检索,所以包装设计在货架中的竞争力就变得微乎其微了。即作为商品载体的传统商场货架在该零售模式中已经消失,商品的检索方式以及信息的传递形式也发生了改变,因此,传统包装设计十分看重的"货架竞争力"也是不存在的。

4. 电商促使消费者更重视包装

对于消费者来说,购物体验也在一定程度上影响了对商品的选择,站着买东西和坐着买东西,这两种不同购物的状态会导致截然不同的购物体验。在实体店中站着买东西的消费者,更倾向于迅速了解商品的主要特色信息,以尽快做出购买决策。由于是即时交易,购买前就已经看到、拿到了商品,因此购买时人们也会多加关注商品外包装是否美观和完好。而 B2C 的模式中,消费者通常是坐着的,可以对感兴趣的商品进行重点、快速、全面的检视与"品味"。这使消费者在结合各种综合信息来做出选择意向时，往往也更有条件、更有需要通过图片观察商品及其包装的细节。

除此之外，消费者在实体店购买商品能在第一时间观察商品并拿到商品。而在 B2C 的模式中，消费者要经过网上浏览、对比商品信息、查看评价、下单购买后才能拿到商品，这些过程都需要一定的等待时间，增强了消费者对商品的期望，也丰富了消费者的购物体验。在这样的过程中，消费者关注的更多的是商品本身是否如愿所期。比如，在等待数日后，收到快递拆开包裹的时候，人们虽然也希望看到一件漂亮的包装，但此时此刻往往最希望看到的是被包装保护完好的商品。人们对包装的保护性预期远甚于包装的美化装饰功能。这样的预期，正是可以促使包装功能回归本质的重要动力之一。

5. 包装的保护功能与绿色包装受到更多期待

商场及超市中的产品，通常是经集中物流分配到各个零售终端，再由消费者购买后自行带走。在这一过程中，商品零售出去后通常不需要额外的运输包装进行保护。而在 B2C 模式中，商品最终是通过分散的物流快递到消费者手中，这就需要考虑包装在分零后的物流过程中是否有效保护了商品，直到其安全到达消费者手中。B2C 使传统零售业中令消费者陌生的物流，不仅从集中转向分散，也从后台走向前台，使物流成为重要的消费体验环节。因此，包装设计师在设计时，要更多地考虑商品包装的"保护功能"，要充分发挥每一个可以改善消费者购物体验的因素的优势。

分散物流虽然给商家和消费者带来了便利，但这种物流形式也增加了包装的材料与人工成本，加之目前 B2C 电商普遍沿用传统包装，为了保护商品大量使用非环保的 PVC 材料制成气囊填充在包裹内。如此发展下去，PVC 气囊将如之前被禁止在超市使用的一次性塑料购物袋，成为规模宏大的新一类环境污染源。这向政府、包装业界和设计教育界在"绿色包装"事业的进程中，提出了新的挑战。

（二）宏观政策的引导

改革开放以来，我国包装产业得到了快速发展，今天，传统的包装行业已发展成为一个能够灵敏地承接新科技革命成果、又吸纳大量就业的技术密集型与劳动密集型相结合的新兴产业。包装产业是中国少有的几个年产值超万亿的产业。通过国家宏观经济政策的引导，特别是近些年来，我国的包装设计获得跨越式的发展，形成了较为完善的包装工业体系，产品的门类日益健全，很多包装设计产品取得优异的成绩，甚至获得不错的国际反响。

虽然我国的产品包装已经获得一定的国际影响力，但是包装产业"大而不强"的矛盾十分突出，呈现出集群合力不大、研发能力不强、转型速度缓慢等特点。目前，产业结构不合理、产品档次偏低、自主创新能力弱等问题，已经成为制约包装业发展的"瓶颈"和"软肋"。

随着科学技术的发展和工业的进步，信息化和工业化"两化融合"的趋势日益明显，使我国政府已经将其作为稳增长、调结构、惠民生的重大战略任务，这为包装生产行业带来了重大历史机遇和挑战。同时，绿色低碳环保的生活和消费理念在今天也已经深入人心，无论从现实市场需要还是社会与自然的长远和谐共处关系来看，这都是包装产业需要重点关注的问题。"中国制造"正在痛苦而充满期待地向着"中国创造"转型，这是中华民族要在新的世纪里立足于世界、实现民族复兴的必由之路。伴随着民族复兴的，是中华文化在世界范围内的自信重塑与价值回归。

发展、品牌、国际话语权、两化融合、中国创造、中华文化，这一系列的关键词显示出我国包装产业来到了一个重大的、历史性的机遇关口。在此重要机遇来临之际，我们看到、感受到政府主管部门、包装生产企业、包装研发机构和设计教育机构等，都对包装业未来发展的动向、包装工业技术革新和包装设计创新有着较高的关注。商品包装作为包装产业的重要构成部分，涵盖了从保存、储存、容纳、运输到销售的全部包装功能，灵敏又综合性地反映了市场经济、科学技术和社会文化的发展成就与潮流。在当前这一重大历史机遇时期，从宏观上对我国商品包装设计的价值取向、价值创造以及设计策略进行系统梳理与研究有着重大意义。一方面，宏观政策的引导能够促使我国的包装产业更加重视人文关怀与技术创新的融合，促使包装企业在获取经济利益的同时更加关注社会效益，促使市场需求与生态环保相协调。此外，能够发展出具有创造力的、独特中华文明的以及具有国际竞争力的品牌和商品。另一方面，人才是一个行业发展的根本保证，设计教育界工作的主要意义，在于培养能支持设计行业持续发展的人才。进行"中国商品包装设计"的研究，对于培养在信息时代具有正确价值观的、艺术原创力与市场洞察力并重、中华文化素养与国际交流能力兼备的新一代包装设计人才，具有重要意义。

此外，近年来，随着我国市场经济的发展，政府陆续出台或修订更新了一系列法规、国家标准和条例，从产品质量、知识产权、消费者权益等方面保证市场经济活动中各方面参与者的合法权益，并且在执行层面较以前更为合格、规范。商品包装设计的学习者、教育者和从业人员，以及相关企业管理人员，如果不对这些法规、国标或条例加以重视和学习，便有可能在无意中违法、犯规，而使之前的一切关于包装设计工作的付出划归为零。因此，在法制环境日益规范的市场背景下，商品包装设计的各层面参与者，的确有必要自觉进行"普法"学习。

（三）绿色包装的流行

环保潮流对当今包装设计的发展趋势正在产生显著的影响。通常人们将符合"4R+1D"原则的包装设计，称之为绿色包装设计。"4R+1D"即 Reduce（减量化）、Reuse（能重复利用）、Recycle（能回收再用）、Refill（能再填充使用）、Degradable（能降解腐化）。

在人们的生活中，绿色环保的包装设计已经从经济价值和社会价值层面获得了大量具有环保意识的消费人群的认同，并且其影响力正在全球范围内日益扩散，这也必将成为包装设计业未来发展的重要驱动力之一。我们要看到，无论是包装设计界还是设计教育界，目前对绿色包装设计方面的理论研究和实践探索都还在初期阶段。但这也恰恰意味着，作为今天的业界从业者们，需要借助绿色设计为人类文明与自然的和谐共处承担这一份厚重的历史责任。绿色包装设计，恰逢机遇，其责也重，其发展也大。

二、需求的变化

（一）设计师视角的引导

在包装设计中，设计师是设计链条中的核心，具有设计者和消费者的双重身份。作为设计师，以专业的视角和素养，扮演着引导消费潮流的角色，唤起大众对消费习惯和生活理念的关注，甚至可以提升大众的审美品位；作为消费者，察觉和体验生活中的需求，进而以专业视角进行分析。具有创意的个性化包装是设计师面对琳琅满目和缺少变化的商品包装所提出的解决方案，个性化包装的诞生是设计师求新求变的专业需求，也是消费者个性张扬的需求，两种需求合二为一就产生了创新包装的最终结果。这种结果既满足了作为设计师和消费者的需求，也丰富了包装设计领域。

（二）消费者的需求

消费者的需求分为生理需求和心理需求两大部分。生理需求是人的第一需求，即人的基本需求，是人赖以生存的基本条件。只有先满足了基本的生理需求，才会有其他更高层次的需求。在日益丰裕的现代社会中，物质产品极大丰富，消费者不再仅仅满足于生理需求，也有了心理层面的需求，这也是创新包装设计的源头。消费者通过选择个性化包装来获得归属感和认同感，来宣

图 5-1　乐事薯片包装

扬自己的与众不同之处，从而在心理上得到安全和尊重，比如乐事薯片的笑脸包装，能让消费者在食用前获得一些趣味，增强顾客的消费感（图 5-1）。可以说，消费主体的需求在某种程度上影响着包装设计的发展趋势。

（三）市场的需求

与其他艺术形式相比，包装设计不仅仅是设计师的主观创作，更属于以市场需求为核心的实用艺术范畴。它与市场经济活动联系更加紧密，处于设计个性化和商品市场化的双重要求下。

1. 符合市场发展规律

市场的基本特征是交换，在交换中形成了价格、供求、竞争等规律。产品要与市场上其他的同质产品区分开来，就需要创新设计。作为商品不可或缺的重要组成部分，具有创意的包装会促进商品销售量，改变在同类商品中的比率，提高其市场占有率，达到经济利益最大化。从市场角度来看，包装设计作为促进销售的手段，不再是可有可无的配角，而成为对市场规律产生重要影响的因素。因此，具有创意的包装要在实践中把握好设计的市场化和个性化，在市场中创造个性，在个性中开拓市场。

2. 增强企业竞争力

面对产品日益细化的市场，许多企业进入了发展的瓶颈期，传统意义上的标准化包装开始失去了对消费者的吸引力。企业要想重新赢得市场，并得以发展，必须经过创新的洗礼，其中个性化的包装就是创新的手段之一。为了增强产品竞争力，继而增加经济效益，企业开始寻求标新立异的个性化包装来重新赢得市

场。个性化包装以迎合消费者心理需求的形象，消费过程中的易携带性、安全性、环保性和方便使用等细节，成为部分消费者的目标。因此，个性化包装是企业创新的手段，也是企业创新的结果；是企业打造个性化品牌的重要环节，也是企业品牌文化内涵的体现。

（四）文明发展的需求

从纵向的社会文明角度上来看，创意性设计是文化发展到一定程度的产物。工业化时代倡导的理性和功能不再是主旋律，人性关怀式的设计成为了设计领域的主导。

在工业化时代，以功能为核心的"设计场"，关注的是产品本身，包装设计主要以保护和运输的基本功能为主，具有机械、批量、重复、快速的特征。随着时代和技术的发展，以功能为主的包装设计不再是焦点，转而将人文关怀为主导的个性化创新作为包装设计的新视角。具有创新的个性化包装关注的是人本身，以解决消费者的使用以及心理、精神层面需求为关键，具有人性、亲和、创新等特征。由此可见，个性化包装的出现与发展，是产品到人的关注点变化的结果，更是时代的需求和文明发展到一定程度的产物。

三、技术的进步

（一）包装工艺的发展

包装工艺主要指包装制作过程中的制造工艺。借由计算机技术的系统应用，当代包装工艺发展迅速，种类繁多。更新的技术，例如，包装的印刷工艺、成型工艺、整饰工艺、防伪工艺等，都经历了一个个改进完善的过程。例如，塑料包装用的挤压、热压、冲压等成型技术已逐渐用到了纸板包装的成型上，

图5-2 冲压成型的鸡蛋包装

较好地解决了纸板类纸盒包装压凸（凹）成型的问题（图5-2）。很多不同材质的包装成型已借助于气压、冲击、湿法处理、真空技术来实现其工艺的简化与科学化。包装干燥工艺，也由过去的普通热烘转向紫外光固化，使其干燥成型更为节能、快速和可靠。此外，包装的印刷工艺也变得更为多样化。特别是高档商品

的包装印刷已采用了丝印和凹印。还有防伪包装制作工艺，也由局部印刷制作转向整体式大面积防伪印刷与制作。

（二）设计技术的更新

互动是数媒新时代显著的标志之一，互动概念在包装设计中的运用，由来已久。传统的巧克力被压制成由若干小块连接而成一板，外面使用锡箔纸包装。吃时可以根据需要轻松地成块掰下来，然后将缺口处的锡箔纸揉折起来，对剩下的巧克力进行再包装，既防潮又方便。自 17 世纪中叶软木塞和葡萄酒瓶结合使用以来，人们在贮藏葡萄酒时，会将葡萄酒瓶横着或者倒着放置。这样的行为使酒将软木塞浸泡发胀，从而令瓶内的葡萄酒能够长时间贮藏而不变质。在今天的超市里，我们能看到一些包装如果按照一定的规律排列，就会在货架上形成有趣的组合图案，比如伊利牛奶包装盒上的奶牛会从一个盒子"跳"到另一个盒子去。

"互动"包装在产品保护、促进销售和使用便利等方面有着独特的价值，但是因为种种原因，互动设计的理念在包装设计中并不多见。随着数字媒体日渐成为主流的大众传播媒介，其交互的理念、技术特征和用户体验成为设计行业关注的热点，也引发了包装设计界对互动设计的更多关注。事实上我们看到，在传统实体店超市中已经出现了使用二维码替代大量推广信息的包装。消费者用手机对二维码进行扫描就可以登录相关网站，对商品进行更多信息的了解。还有一种3D 印刷技术，使用数字技术在包装上印制3D 图文。只要人们晃动包装，就可以通过不同光线角度折射出不同图文信息，这为包装设计提供了新的创意实现方式。我们甚至可以推想，随着科学技术的发展，将来很多商品包装上印刷的信息可能会被一小块显示屏所取代（图 5-3）。

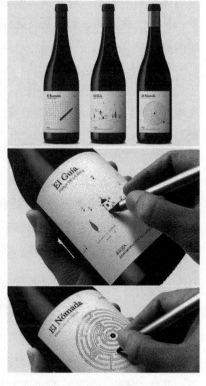

图 5-3　互动包装

第二节　包装创新设计的视角与思维

一、包装创新设计的视角

万众创业的当下时代，"创意"并非设计业界的专有术语。小伙子在追求女朋友时往往创意频出，而一个淘宝小店要想生意兴隆，店主也是绞尽脑汁地思考经营、推广上的创意。可以说这是一个人人欣赏创意、处处需要创意、不经意间一脚就在马路边踢出一个创意来的"大众创新"时代。

创意在面向大众进行信息传播时变得越来越重要，有创意的设计越来越多，做有创意的设计也似乎变得越来越难。在这样的背景下，艺术设计的"创意"要引爆人们的笑点，就需要更高的"温度"了。那么，我们还能从哪里去发掘令人耳目一新的创意呢？笔者建议重视对"与众不同"和"与常不同"这两方面的思考。

与众不同。"众"字由三个"人"字构成。我们这里所说的与众不同的"众"，正好指三个方面的因素，即他人、自己、资料。在设计的视角、观点与创意表现形式上，不同于市场上的其他设计、不同于曾经的自己、不同于资料上的呈现。要与众不同，就应广泛地了解"众"，看看大家怎么样，思考大家为什么要这样，然后逼着自己想方设法地和大家不一样。要与众不同，需要明智地分析研究"众"，并能果敢地于人所未涉及之处加以创新。例如，敲碎鸡蛋一头使其立于桌面的案例等。需要特别提醒的是，创新容易，有价值的创新难。"众"之所以为"众"，一定有其合理之处。应该研究分析其中的规律，找出既能为"众"所接收，又可与"众"不同的创新突破点。因为，能为众人创造价值，才是包装设计创新的本意。

与常不同。即于大家习以为常之处，寻找创新的突破点。很多经典的创意延续发展到今天，已经成为普通日常生活中的一部分，人们不再因其是经典创意而给予多一些的关注，如过春节时，将"福"字倒贴于门上等。生活中还有无数初创时光彩夺人，到后来却因为习以为常而被人们视而不见的情形。但只要我们用心观察、体验、思考，到处都有涂写创意的好画板。另一些情形，是那些没有人去做的事情，甚至是因为没人想到或者是有人想到但因种种原因没有去做的事情，不管怎样，这些情形也是创意的好土壤。

二、包装创新设计的思维

创新思维是相对于传统及常规思维而言的，不受常规思路的束缚，以全新、独特角度的方式研究和解决问题的思维过程。

（一）创新设计的思维过程

1. 观察与发现

"世界上不是缺少美，而是缺少发现美的眼睛。"一个成功的设计师需要敏锐的洞察力，在看似平淡无奇的生活中，寻找到让人兴奋的创意。设计师要做的就是培养自己良好的积累和收集素材的能力，培养自己善于发现优秀创意的眼睛。日本设计师福田繁雄出门时会随身带上一个笔记本，把自己的所见所闻记录下来，作为日后设计的创意元素。良好的观察和善于发现的习惯，是设计师处理设计事务的无形财富。

2. 分析与认知

包装设计的认知是设计师对于要表达的主题精准把握其创意的能力。这需要设计师对大量包装作品进行深入了解和分析，将视野打开并积累丰富的视觉经验，只有这样才能培养出对不同类型包装的表现形式的认知准确性。设计师的个人生活体验、阅历、综合素养、嗜好等所带来的视觉经验会逐渐成为创作的信息积累和灵感来源。

今天，随着数字技术的迅猛发展，许多信息和体验正逐渐被既定信息和间接体验所替代，这势必造成大量的信息重复和雷同。对于设计师来说，信息的多元化，一方面拓展了视野、丰富了视觉资讯，另一方面也会对设计的原创性与自我创造力的培养产生消极的影响。在学习的过程中，我们要时刻保持一份敏锐的洞察力，培养自己对信息筛选、分析、提炼、整合的综合驾驭能力，在多元化的信息中寻找灵感。

3. 联想与发散

联想是人类所拥有的一种创造性思维方式，在进行包装创新设计的过程中，常常运用联想找寻与传达信息，形成视觉关联的视觉形象。联想是由某一事物想到另一事物的思维过程，通过对分散在大脑各处的思维碎片进行衔接，使之转化为新的创意。发散思维又称多向思维，是一种由点到面的思维方式，不受陈规旧矩的束缚，从一个立意点出发向四周无限扩散是创造性思维的核心。这种方法使设计师的思维更加流畅，思维空间更加广阔，可以从多方向、多角度地捕捉创作的灵感，以求得多种不同的解决办法。

4. 同构与重组

创新在于打破常规习惯，对元素进行重新组合。重组是一种再创造的过程，它分解事物原来的构成，然后以新的构想把几种不同的事物或意象进行有目的的重新组合。客观事物之间总是通过某种方式相互联系，只是联系的程度不同。当两种事物可互为联想结果时，这两种事物就具有了同构关系。同构的本质是"一对一"的映射，是由物态因素相似之间形成的一种状态，这种相似可以是一种视觉上的、心理上的，也可以是经验以及认知上的相似。这种联系正是联想的桥梁，通过这座桥梁可以找出表面毫无关系，甚至相隔甚远的事物之间内在的关联性，达到"情理之中，意料之外"的效果。同构联想的实质就是找到事物之间形的相似性与意义的联系性。

（二）创新设计的思维方式

包装设计的创新具有许多思维特点，这些特点影响着包装设计的进程和方向，也决定着包装设计的结果。充分发掘思维能动性的各个特点对包装设计的完成具有一定的推动作用。

1. 形象性

形象思维也可称直观思维或艺术思维，是对事物感性的直观的认知。形象性是形象思维最主要的特点。形象思维是人与生俱来的能力，也是抽象思维的基础。形象思维是依靠直觉和感性的，人的情感使人感受一个事物的形状、色彩、方向等。而且形象思维带有一定的想象性，也就激发了创造性（图5-4）。

图 5-4　形象性的包装设计

2. 逻辑性

逻辑思维又称抽象思维，是思维的一种高级形式，是通过推理、总结、判断来对现实事物进行客观认识的方法，是以反映事物共同属性和本质属性的概念作为基本思维形式的。它与形象思维是有本质区别的，是更加严密、谨慎、科学的思维方式。在设计过程中，形象思维和逻辑思维是息息相关、相辅相成的，两者可以共同对各信息进行整合和提炼，从而完成设计所要求的最终目的。

3. 跳跃性

跳跃性思维是思维过程突然的转换，是逻辑推理的意外改变。新观点、新思想、新理论常常从突变中产生，因此要善于抓住偶然性因素，把握那些无意间取得的结果，通过跳跃性思维使创新思维异军突起，进而获得新生。

4. 发散性

发散思维运用于包装设计中，从多角度、多侧面、多层次全面来表现创作主题，从而产生一系列相关的创造性成果。发散思维法作为推动视觉艺术思维向深度和广度发展的动力，是创造性思维的核心，是视觉艺术思维的重要形式之一。

5. 原创性

包装设计中的元素是视觉传达艺术中的重要组成部分，具有独特创意的包装通常能够在公众心中留下深刻印象，也经得起时间的考验。原创可以无中生有、推陈出新。

6. 归谬与逆向

归谬思维，是将事物正常的逻辑关系或表述方式中的某方面因素进行变形甚至极端化处理，从而得出夸张、滑稽甚至谬误的结果。逆向思维，又称反向思维，指从与常规相反或迥异的方向去思考问题。例如，具有简约轻松、调侃风格的高粱酒品牌"江小白"包装及其平面广告，因其迥异于传统白酒浓郁、厚重、端庄的普遍性形象，而大受关注（图5-5）。

图5-5 高粱酒品牌"江小白"包装设计

第三节　包装创新设计的路径分析

一、创新设计的调研阶段

（一）明确创新目标

设计课题一旦立项，首先就应该明确创新包装设计项目的设计目标、方向、投资成本与时间要求、双方的责任与义务等，再做项目调研，以免除盲目、轻率、无效的设计活动与责任义务纠纷。依据明确的目标要求进行设计项目的产品、包装、消费文化与市场调查，制作项目调查表，收集详实、准确、有效的信息资料，从而客观地分析研究。这是创新包装设计项目的基础。

（二）对产品进行设计前的调研

围绕设计目标和需要重点解决的问题，对产品进行完全资料调研，对于研判创意设计的着力方向、评估创意方案的可行性与风险程度都具有重要的意义。

完全资料调研，包括对设计项目及其各项关键目标有关的、所有可能查询得到的文献资料与实物资料进行全方位的调研。例如，设计橄榄油包装时，如果对橄榄的种植、生长、采摘和橄榄油的加工工艺、品质等级划分，以及橄榄油的品牌与文化有所调研的话，就会发现国内大多数橄榄油商品的包装上就不会出现青橄榄果的插图，而应该选择已经成熟的、适合榨油的、乌黑油亮的橄榄果插图了（图5-6）。

图 5-6　橄榄油包装设计

（三）确定创新设计的关键词

在进行创新设计时，参与人员最好把产品包装的创新目标以关键词的形式表示出来。可以列出几个关于这种产品定位和目标的关键词，以确保在后续的工作中能够清晰准确地围绕核心产品进行创新设计。

一款商品包装设计的过程，是由设计下单开始，经调研、定位、初稿设计、设计提案、深化设计、印前制作，到打样的环节才算完成，不少时候还需要延伸到成品效果阶段。在这样的设计过程中，设计师是主要的方案设计者，但是通常需要考虑设计下单的客户、商品经销商、商品的消费群以及包装生产厂家的需求和意见，并且设计创意和设计表现形式本身也具有相当丰富的可能性。在此诸多因素、诸多环节中，往往需要简洁明确的关键词来进行交流并确保各个环节的力量都协调一致，也确保设计工作不会失去重心甚至迷失方向。

（四）设计与工艺的总体定位策划

在进行设计课题调研，对信息、资料分析研究的基础上，决定包装的基本方式与层次，确定包装加工技术设备与工艺方式，这是具体的产品创意包装设计与包装技术处理的前提。特别是对新企业和新产品的开发性创意包装设计，包装的整体定位与工艺策划尤为重要，它将关系到创意包装设计的类型、设备投资、工艺技术管理、商品生产加工方式与市场经济效益。即使是改进型创意包装设计，同样也需要考虑包装的整体策划定位与生产加工的设备条件，以适应现代先进工艺技术与管理的要求。

二、创新设计的探索阶段

艺术设计活动常将"创新"与"设计"联系起来称为"创新设计"，可知创新之于设计的重要性。包装设计实践中的创新，不是为了"创新"而创新。设计创新的目的是通过综合运用创意思维和视觉表现技巧，在受众的视觉和心理上形成富有新意、定位准确、印象深刻的传播效果。

创新对于包装设计具有举足轻重的作用，在快速发展的现代社会中，生活节奏不断加快，在超市货架前对商品进行精心对比再做出购买选择十分浪费人们的时间，缺乏新意的产品包装也很难吸引人们的注意，更不具备优势和市场竞争力。因此，某一商品想在众多产品中脱颖而出获得消费者的青睐，就必须进行创新，吸引顾客的关注、引发好感、传递有效信息、促进销售，从而强化品牌形象。

带有趣味性的创新，总是能够让消费者产生轻松愉悦的感觉，从而给商品营造一个良好的销售氛围。好创意会加深人们对商品的印象，也会强化人们对于品牌形象的认知，正如人们在生活中对思维有特点、想法有趣的人的印象，往往比对那些刻板木讷、循规蹈矩的人的印象要深刻得多。比如，擅于以"讲故事"的形式来进行创新设计的香港设计大师李永铨先生，在他的设计作品中，能够赋予品牌及商品新的生命力。他曾为一家女性内衣品牌做过设计，将其重新定位为少女内衣品牌，一改该品牌使用十余年的单调强势的品牌形象。他以小女生们喜欢的聊天特点将品牌名称改为"bla bla bra"。从年轻女性对内衣的性感时尚需求出发，将品牌核心识别的标志进行时尚、另类、简洁的全新设计。并且，以某些女生感兴趣的话题为线索，创造并通过一系列"bla bla bra"的动漫形象，讲述一个又一个的女生小故事，从而构建起一个"bla bla bra"的视觉形象"城堡"。李永铨先生改变了一个品牌的传统路线，将其设计为年轻潮流品牌，给该品牌带来了巨大的收益。

三、创新设计的实践阶段

（一）立足内涵，应景而生的"文体"创新

"文体"在文章中指文章的风格、体裁，也指设计的风格。文章的"文体"，似乎已经早有体系甚至泾渭分明。但是在包装设计中，"文体"却往往呈现出模糊混杂的状态。在这模糊混杂的状态中，于具体的某款包装而言，又似乎常常具有某种明确的倾向性。此外，同一款商品，在不同的市场时期，其包装的"文体"可能会是一以贯之，但也可能是逐渐变化甚至最终南辕北辙。因此，对包装的"文体"，虽然难以归类梳理，但是事实上也并无必要。

当包装设计面对市场时，人们总会以"这款包装具有某某风格特点"这类语言，对其进行探讨或评价。这又表明，人们需要包装具有某些风格倾向，并且还期望包装风格是有"特点"的，即希望看到有新意的包装设计风格。

有相当多的因素会影响包装文体的创新，但从总体上看，主要可以从两个方面来把握。

1. 被包装物的名称

任何需要包装的物品，绝大多数时候是有其名称的。而名称则往往揭示着其内涵、特征或其他诸如功效、产地、历史、文化等信息，而这些信息往往成为设计创意的重要灵感来源。如果被包装物暂时没有名称，那么在其他方面，如形状、材质、功能上，它总会属于某个类型的商品。被包装物依据不同名称，可以激发出不同的创新，如"米""酒""手机"到"有机米""红酒""智能手机"，再到"泰国有机米""法国红酒""苹果手机"，名字不同，就会产生不同的创意因子。

2. 商品被消费的情景

什么样的人，在什么时间，以怎样的方式来消费某件商品？这是一种怎样的情景？包装需要如何让这样的情景体验加分？比如一包饼干的包装，应该有怎样的风格设计才更吸引消费者？我们首先要看看这是面向儿童还是女性，抑或是大众皆宜的饼干，从而进行有针对性的风格设计。如果该款饼干是以居家消费为主，考虑到实惠和食用、清洁条件的方便性，包装规格可以设计得偏大一点，并且不必要采用分零的小包装。但如果这饼干是以旅途休闲消费为主，则要考虑远程携带、多人分享的便利性和是否便于清洁，则需要设计小规格的分零包装。一款赠送老年长辈的保健品，如果设计成黑灰色调，可能年轻人会觉得很酷，但是真正的目标受众老年人可能就会觉得晦气。

尽管我们常常觉得，同类商品似乎约定俗成似的有着某种类似的"文体"。但设计不能对此"唯唯诺诺"，而是要研究其规律，找出其背后的本质规律，才能放开手进行"有目标的创新"。例如，冬虫夏草是名贵的滋补藏药，因此长期以来许多冬虫夏草的包装设计风格都与藏文化、富贵气、喜庆且滋养

图 5-7　"极草"包装设计

的调性有关。而"极草"不但在服用方式上颠覆了传统，其在包装上也一反主流的带有传统富贵气的红金紫调，而采用剔透且带有高科技感的冷色调，让人耳目一新，显著区别于传统高端保健品主流的同时又让人瞩目并认同其高冷神秘的风格。究其原因，应该正是在于其找准了虫草乃是天地自然孕育的极致滋养品，并且"极草"颠覆性地运用现代科技提炼其精华从而改变了其服用方式。因此，"极草"的包装设计风格，以极简反厚重奢华，以立体造型反平面印刷，以科技高冷感反传统喜庆感，获得了很好的市场认同（图 5-7）。

（二）立足内涵，借助文化的"词汇"创新

同样的食材，同样的食材加工方式，也难以做出风格迥异的菜肴。同样的砖头，同样的建筑工艺，造就了今天世界各地如出一辙的高楼大厦。包装设计也是类似情形，同样的设计工具软件，同样的印刷工艺，同样的商品销售渠道，面对同一个市场中的顾客，造就了无数林林总总却又似曾相识的包装。所以，创新成为其必然的发展方向。

事实上，根据设计对象的内涵以及其目标受众群对这类产品所属的、他们亦能理解与接受甚至崇尚的文化，创建基础的"设计词"，并进行创新性的构建组合，哪怕设计出来的作品从表面上看平平凡凡，但由这些原创的"词汇"构建出的整体造型，总是给人既熟悉又陌生的新鲜感和值得细细品味的质感。

（三）品牌接触点的创新表达

品牌接触点是指顾客有机会面对一个品牌讯息的情境。每一个品牌接触点，都是提升品牌形象，建立、维系、加深品牌与消费者关系，提升消费者忠诚度的机会。可以分为主动接触点和自然接触点。前者主要通过设计实现接触，如广告、促销、公关活动等；后者主要是在正常的购买、消费活动过程中呈现的情形，如产品造型、包装设计、货架陈列等。

1. 包装形态造型的创新

包装形态造型，是终端消费者第一眼接触到的品牌形象，会令消费者对品牌文化及商品品质产生第一时间的直觉判断。

包装的外在形态也通常是终端消费者第一时间产生直觉判断的品牌形象，但要注意的是，再漂亮的包装，如果顾客打开后发现商品已经损坏，其心情估计也很难"漂亮"起来。

包装的结构方式和容器造型是创新设计的重要载体。或者因为形象塑造的需要，或者因为某些功能的需要，或者因为生产工艺或生产成本的需要，不同的包装容器有着不同的内在结构、携拿方式、开启方式，并促成不同的包装容器造型。艺术设计专业的包装设计师们，一定不要草率地认为包装形态的保护功能是包装工程设计的事务。事实上，无论包装形态如何变化，有效保护商品总是第一位的重要因素。不能有效保护商品的包装形态，再漂亮也令人遗憾；而没有特色、不具备良好审美品质和感染力的包装形态，则很难令商品在激烈的竞争中脱颖而出，也难以在终端中构建出良好的消费体验。

在实体店的货架上，我们所看到的商品的漂亮包装，绝大多数都是经过厂家—总经销—分销商这样的渠道，经过较为折腾的物流过程，最后达到零售终端，然后拆除运输包装，得以通过销售包装的形式陈列在货架上。作为直接接触商品的销售包装，在物流过程中仍然要担负确保商品不被损伤、不致变质的功能；同时，还要具有良好的"货架竞争力"。因为在实体店的销售模式中，销售包装的"货架竞争力"太过重要，而使其保护功能常常被商家和消费者乃至包装设计师忽视。但这也从另一角度说明，保护功能，在今天已经是商品包装普遍应该具备的基础功能。

在今天愈来愈普及的电商物流中，包装对商品的保护功能要比实体店的商品物流重要得多。而同时，因为电商的物流包装会直接送到终端顾客手中，因此其保护功能与包装造型的形态会直接影响到消费者的体验，进而对品牌形象产生影响。所以，包装装潢设计工作应该更好地研究包装工程设计的内容，并与之进行良好的合作，以确保包装的形态设计在功能、美学、成本等方面取得合理的平衡。

在包装设计实践中，有时候客户会指定或者提供包装容器的形制与材质。例如，香烟包装大多数时候是采用业内同行的制式盒型，只需要设计师考虑图文信息的创意设计。而另一些情形，是需要从容器造型、结构布局到图文信息进行全面系统的设计，如全新研发的酒包装、香水包装等（图5-8）。无论哪种情形，包装容器的结构及其造型在最终消费者面前，都需要与图文信息等其他方面的包装要素语言一同完整呈现。因此，设计师在进行包装创新设计时，应将包装结构及其容器造型与图文信息进行整体系统的创新设计。需特别注意的是，如果包装是透明材质，从外观上就能够看到真实的商品状态，那么一定要将商品的形态、质地、色彩等属性一并纳入包装的整体形态设计之中（图5-9）。此外，好的包装形态设计，最重要的是能在第一时间引发人们的关注、惊奇与赞叹，这需要借助于独特、巧妙、漂亮且定位准确的设计。

图5-8　创意香水包装设计　　　　　　图5-9　透明材质包装设计

2. 包装图文信息的创新

包装上呈现的各类图文信息，是进行商品包装创新设计最常用、最重要的载体。图文信息主要是通过其版式、字体、插图、色彩等要素的设计，来进行创新表达。

以图文信息为主要创新载体，对于大量快消品使用的塑料袋、复合纸袋和折叠纸盒的包装设计来讲显得尤为重要。因为这些包装的结构和材质通常为人们所熟悉，并且变化有限。在这类包装中，图文信息往往是承载创意的主要甚至唯一载体。

包装上的图文信息设计，主要从两个方面来考虑：一是信息内容的提炼与梳理，二是图文的样式风格设计。无论基于实体店商场货架的竞争需要，还是电商平台包装图文信息的创新设计上，需要注意三点重要技巧。

①纯"底"凸"图"。作为"底"的图文信息，其视觉样式宜尽量单纯；而需要强调的品牌、品种、卖点等信息，则宜以较为整体的形态凸显于"底"之上。

这样做的好处是，相对于繁杂的"底"，在单纯的"底"之上，核心信息更容易被人关注。并且，单个包装因为其整体单纯，更容易从复杂的货架背景中"跳出来"；而当数个同款或系列包装并置于货架时，它们的"底"更容易融为一个整体，从而形成一片更大面积的"底"，使系列产品在货架上形成更大面积的视觉呈现，从而获得更强大的"货架竞争力"（图5-10）。

图5-10 纯"底"凸"图"的系列包装设计

②内"合"外"别"。图文信息的风格，应该与大多数消费者对所包装产品的积极属性和心理感受相吻合。但是，要注意的是，在具体设计样式上，有必要与主流产品形成差异化。即包装图文设计的风格需要在"需求之中""常态之外"。内蕴是被主要消费人群认可的，但形式是与主流常态相区别的（图5-11）。

图5-11 内"合"外"别"的包装设计

③描"形"画"像"。在进行创新设计时，要描述和把握目标消费群对该商品的消费情形，揣摩其消费时心理需求之"心像"。这也往往是最见效果的图文风格的设计技巧。例如，在耳机的销售中，其产品的功能、

图5-12 描"形"画"像"的耳机包装设计

推广画面、包装设计风格等，都与其目标消费人群的消费情形与心理偏好相关（图5-12）。

3. 包装材料的创新运用

在进行创新设计时，包装设计师首先应该对相关的材料有所了解和掌握。材料是时代文明的象征之一，是创意包装设计的物质基础，无论是包装容器还是捆扎、包裹之类的包装，都必须通过一定的材料来实现。因此，根据不同性质的商品与物资，恰当地选择材质，并充分地利用和发挥各类材质的技术工艺性能、外观肌理、色调、成本造价等优势是创新包装设计重要的一环。尤其是对具有不同功能材料的选择、应用与设计，更直接地影响到包装的功能效果与加工工艺技术的实现。所以，熟悉掌握与应用各类包装材料的工艺性能特点，是现代包装创新设计人员应具备的基本素质之一。

目前常用的包装材料主要分为以下四类：天然材料、工业时代材料、传统人工材料、高分子材料。不同材质甚或同一类型材质均有着不同的理化特性，给人的色彩、质感都不相同，带给人的情感感受也不相同。土、木、竹、革等天然材料给人以天然、质朴、温暖或厚重的感受（图5-13）；金属、玻璃等工业时代材料，看不见原始材质，给人以机械、冰冷、华丽及工业时代的感受（图5-14）；纸、陶瓷、棉麻、锦缎等传统人工材料，看得见原始材质，给人以传统、文雅、温暖或精贵的感受（图5-15）；塑料、亚克力等高分子材料则给人科技感、神秘感、通透空灵的感受（图5-16）。如果将不同材质进行搭配组合，又会产生更加多样的质感变化。

图 5-13　竹包装设计

图 5-14　金属包装设计

图 5-15　陶瓷包装设计

图 5-16　塑料包装设计

包装材料的应用，应从设计的整体需要出发，围绕设计定位，从设计风格、经济成本和加工技术等角度综合考虑。设计师要根据自己的创新思路，科学合理地运用包装材料，使材料与造型设计完美契合。

4. 包装工艺的创新发展

包装工艺是包装设计的重要组成部分，设计师在创新设计时，也要考虑生产工艺方面的创新，新的生产工艺或许更有利于创新设计的表达。例如，采用不同的印刷工艺会使图文信息最终呈现出不一样的质感；印后的整饰和成型加工，又更加丰富了包装的成品效果。

从一个有心的设计师的角度，那些人们司空见惯甚或是已近淘汰的包装印制和加工工艺，说不定就潜藏着令人心动的创意。例如，使用烫印工艺在粗糙的纸张上烫压出凹陷发亮的黑色图文，就会比使用丝网印刷更能营造出一种厚重朴拙的效果。

包装加工工艺的质量，也会向人们传递相关信息。例如，好的设计若采用粗制的工艺，会让商品显得"山寨"；而普通设计如果加工工艺精良，也会向消费者传递"这是一个规范的企业"的信息。当然，理想的状态，是设计好，工艺也好。但是现实中，很多时候，设计师不得不在成本、技术条件和设计效果之间做出妥协，找到平衡。

四、创新设计的完善阶段

设计完善阶段，是在原始方案的主体部分已经初步确定后，对包装的信息内容及设计风格进行全面深入的推敲设计的过程。这个阶段，是围绕既定的设计定位，对包装整体效果进行调整和平衡。要注意的是，设计完善，不只是对"细节"的完善，更是对"关系"的推敲。

设计完善阶段，需要对信息传达的功能与层次关系进行细化；对各展示面内部及其之间的审美关系与风格进行平衡；对包装的整体风格进行细化和统筹。既要细化、完善各个基础视觉形态本身的造型设计，同时又要完善包装整体上的色彩关系和版面结构关系，还要仔细考虑设计方案在印刷工艺上的技术规范要求。

设计完善阶段，应该特别注意两个问题：一个是整体的信息与风格是否能正确反映，或者说能否准确回到设计定位上去；另一个是对需要突出的特色内容进行深化，完善其设计，确保其能够在第一时间打动目标受众。

创新后的包装产品在经过印刷出厂后就算完成了，不过，设计师要通过厂家反馈的销售信息以及消费者对产品包装的反应，及时掌握市场情况，调整和更新设计理念，以利于对该产品的改良设计，或为其他产品的包装创新设计做好设计前的准备。

第六章　优秀包装设计案例解读

　　要设计出好的包装，设计师必须有良好的鉴赏能力与分析能力。优秀的包装案例能很好地启发设计者，使设计者有一个正确的方向和目标。时刻关注设计的前沿和设计的最新动态，对新的设计理念和新的设计方法有所了解，有助于设计者在今后的设计中创作出既具有国际视野又有很强竞争力的包装。

一、空气式鸡蛋防撞包装

　　来自中国台湾地区的学生团队创立了一个名为"乐蛋"的品牌，围绕着"吃一颗好蛋，就像呼吸一口新鲜空气"的理念，团队同时设计了一系列独特的包装（图6-1）。品牌鸡蛋来自彰化及南投的农场，两个农场都以放养的形式养殖，里面的鸡群可以自由自在地徜徉在大地上，食用天然饲料成长，从而诞下一颗颗更加美味健康的"放养蛋"。

图 6-1　空气式鸡蛋防撞包装设计

　　设计团队用透明的 PVC 材料设计包装，以取代传统的涂布纸。中空的材料中间注满空气，这不仅蕴含了品牌中自由空气的概念，同时也起到缓冲作用，防止鸡蛋发生碰撞（图6-2）。

图 6-2　PVC 材料设计包装

基于中国台湾地区的节日和风俗，"乐蛋"还提供春节、圣诞节和生日三个特别版包装（图 6-3）。

图 6-3　三个不同主题的"乐蛋"包装设计

设计团队还发行了三本小册子，包括放养蛋的知识、良好的生产环境以及一些与鸡蛋相关的食谱（图 6-4）。

图 6-4　小册子

二、农夫山泉三款重量级新品包装

（一）高端玻璃瓶水包装

农夫山泉高端玻璃瓶水的包装设计历时 3 年，共邀请了 3 个国家的 5 家设计事务所进行创作，一共经历了 50 余稿、300 多个设计。

其实早在 2012 年 6 月，农夫山泉就已经收到了中意的设计稿，但由于当时的制瓶和印刷工艺难以将其完全付诸实现，而其又不愿降低要求，于是又寻觅新的设计公司。但经过 2 年的比较，最终觉得放弃原先方案太可惜，于是决定重新回归，重新设计瓶型，并远赴欧洲寻觅玻璃生产商，解决了工业化问题。

该款产品包装一共有 8 种样式，瓶身主图案选择了长白山特有的物种，如东北虎、中华秋沙鸭、红松，图案边写有诸如"长白山已知国家重点保护动物 58 种，东北虎属于国家一级保护动物"等文字说明，透露出浓浓的生态保护和人文关怀气息（图 6-5）。

图 6-5　高端玻璃瓶水包装设计

（二）婴儿水包装

近年来，婴儿水产品在国外越来越多，已经成为科学育婴的必备产品，农夫山泉也着重推出了其最新研发的婴儿水（图 6-6）。在此之前，国内还没有专门针对婴幼儿直接饮用和调制配方食品的瓶装水产品。

图 6-6　婴儿水包装设计

与一般饮用水不同，婴儿水在矿物元素含量和微生物控制上的要求更为严格。通常，矿物元素过高或没有矿物元素的饮用水都不适合婴幼儿。此外，婴儿水还有商业无菌的要求，国内此前的所有瓶装水都未将之列为指标。

2003 年，世界卫生组织在日内瓦就饮用水中的营养矿物质召开了专题会议，并公开发表了论文《饮用水中的营养矿物质对婴幼儿营养的影响》，指出婴幼儿更容易受到高矿物盐摄入的影响，因此提出婴幼儿的饮用水中钠含量应不大于20 毫克 / 升，硫酸盐含量应不大于 200 毫克 / 升。瑞士儿科学会、英国卫生局、法国食品卫生安全署等机构也对婴幼儿饮水的矿物盐含量提出了推荐限值。

长白山莫涯泉 2 号泉的主要矿物元素含量完全符合国际专业机构的建议值，矿物盐含量比较适中，尤其适于生产适合婴幼儿饮用的瓶装水。

为了做到无菌，农夫山泉抚松工厂引进了世界顶级的无菌生产线。此外，农夫山泉还制定了非常严格的饮用天然水（适合婴儿饮用）企业标准，并报告吉林省卫生和计划生育委员会备案。该标准共 43 项指标，远远比国家相关标准严格，并且对微生物的相关指标也做了严格的规定。

（三）学生矿泉水包装

20 年前，农夫山泉推出了运动盖包装，受到了孩子们的热烈欢迎，那句"上课的时候不要发出这种声音"的广告语令人印象深刻。

为了纪念 20 年前这个充满童趣的产品，农夫山泉推出了运动盖升级版 —— 学生天然矿泉水。

同时为了让青少年获得更好的消费体验，农夫山泉设计了一个单手就能开关的瓶盖。瓶盖内设专利阀门，只有在受压情况下才会开启。开盖状态下，普通的侧翻、倒置都不会使水流出，非常适合孩子使用。

此外，农夫山泉还邀请了英国著名插画师创作了一组极富想象力的标签，表现长白山春、夏、秋、冬四个季节，整个设计充满童真，仿佛孩子们想象中的长白山自然世界（图 6-7）。

图 6-7　学生矿泉水包装设计

三、"爱情指南"避孕套包装

避孕套的使用在现今已非常普遍，但一项研究表明，60％的使用者都在购买时选择了错误的尺寸，这会导致不适并增大滑落和破裂的风险；另外，还有很多人在佩戴时选择了错误的一边，这同样会提高破损率。为了解决这些传统问题，台北科技大学设计组的潘冠豪为传统避孕套设计了一组更实用的全新包装，这组包装也恰如其当地被称为"爱情指南"（图6-8）。

这组设计提供了五种不同的包装，它们分别用黄瓜、胡萝卜、香蕉、白萝卜和西葫芦等瓜果的图标及相应的颜色区分，同时每个包装也由小到大分别代表不同尺寸。直筒式包装也根据不同的尺寸设计成五种不同的直径，购买时只需握住包装筒就可以巧妙地对比、并确定最适合自己的尺寸（图6-9）。

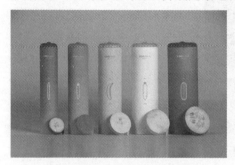

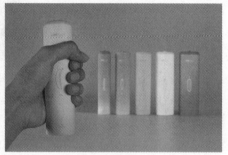

图6-8　"爱情指南"避孕套包装设计　　　　　　　图6-9　确定尺寸

打开包装，放置在包装内的避孕套也已贴心地将正面朝上摆放，确保使用者以正确的方向佩戴；而使用者的手指在捏过避孕套来佩戴的同时，也已经巧妙地挤压了避孕套的尖端，避免有空气残留在顶部。在这样的巧妙设计下，即使消费者在完全黑暗的环境中，也可轻松使用（图6-10）。

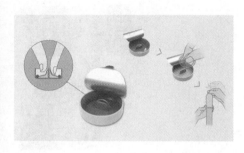

图6-10　打开包装

"爱情指南"避孕套的设计并未对避孕套产品本身进行重新设计，而仅仅是重新设计了包装，就有效改善了先前存在的问题。

四、王老吉全新无糖、低糖产品包装

2016 年 10 月，一直以单品走天下的凉茶王老吉，正式推出全新产品无糖、低糖系列"twins"的同时，品牌主张也发生了年轻化的改变 —— "Fun4 一刻，怕上火喝王老吉"。此次全新推出的王老吉无糖、低糖新品，凭借其清爽的口感，低糖、低热量但同时下火的功能内涵，成为职场白领们的新宠（图 6-11）。

图 6-11　王老吉全新无糖、低糖产品包装设计

王老吉配料中的"鸡蛋花"不仅外观美丽，更有不可忽略的药用功效。设计师用素描的方式描述了"鸡蛋花"的气质 —— 清新、质朴。花品如人品，每种花都有着属于自己的品质。鸡蛋花的花语是孕育希望、复活、新生，正如王老吉的品牌定位不仅瞄准"老腊肉"，还瞄准了"小鲜肉"，需要表现更多的青春和活力。少一分浮华，多一份真我，王老吉绽放出了典雅、时尚和高贵（图 6-12）。

色彩上，新款王老吉包装运用了唯美、淡雅的玫红和深沉、端庄的绛红。虽依然是"红罐凉茶"的品牌形象，"红"却已是风情万种，生动表达了王老吉"健康饮品"的品牌定位，体现了"中国凉茶之王"的风貌（图 6-13）。

图 6-12　鸡蛋花的图案　　　　　　图 6-13　颜色的改变

王老吉无糖、低糖新品凉茶于 2016 年 6 月份在天津达沃斯论坛期间上市，不仅获得达沃斯各界嘉宾的一致认可，推向市场后也得到了消费者的广泛欢迎，天猫上线首日销量就过万箱，用实践证明这两款产品找准了消费者需求的细分方向，具备巨大的发展空间。

五、BEEloved 蜂蜜包装

BEEloved 是一个近乎奢侈品级别的完美品质的代名词。这个蜂蜜产品的名字铿锵有力，令人过目难忘。这是塞尔维亚设计师塔马拉·米哈伊洛维奇（Tamara Mihajlovic）的作品，她"编造"了一个名为 BEEloved 的高档蜂蜜品牌，并一手包办了品牌标志设计和包装设计。由不规则切割面组成的玻璃瓶子让瓶中的蜂蜜闪耀着美丽的光芒，配上优雅的字体设计和标志，也很好地传递出了品牌的定位和理念。图 6-14 ～图 6-18 是设计师对该产品的设计过程，从中可以看到设计师的灵感来源。

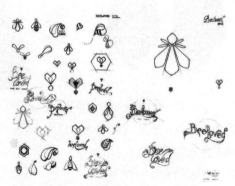

图 6-14　标志设计与字体设计手稿

图 6-15　标志设计灵感源自蜜蜂和钻石的切割线

图 6-16　字体设计的灵感融合了细体字和优雅的弧线字体

图 6-17　最终的标志设计与字体设计以及标准颜色的定案

图 6-18　标签与标签的位置设计

瓶身是该产品最大的亮点，也是最吸引人的地方。设计师突破了传统圆形或方形的瓶身设计，把不规则的切割面组合在一起，充分利用光线的折射，让瓶子里的蜂蜜仿佛也闪耀着温暖的光芒（图 6-19）。

图 6-19　瓶身的设计

六、纸筒灯具包装

荷兰设计二人组 Waarmakers 设计了一款名为"R16"的管状 LED 灯具，如图 6-20 所示，灯具外壳同时也起到了外包装的作用，因此可以减少废弃物的数量。

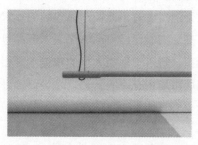

图 6-20 "R16"管状 LED 灯具

该灯具的灵感来自他们设计作品"Ninebyfour"灯具（一款采用阿姆斯特丹市中心的榆木材料制作的灯具）的过程，Waarmakers 团队突然发现自己淹没在了大大小小不同尺寸的 LED 硬纸筒包装中。他们觉得直接扔掉这些硬纸筒实在是太过可惜，同时也意识到，如果使用得当，硬纸筒将会是一种很有吸引力的材料。

为解决这一浪费问题，两位设计师开始思考硬纸板材料再利用，或者说改变用途的方式。从设计的观点看，由于 LED 光源发热很少，LED 光源灯具固定装置的材料选择非常广泛。经过充分思考，设计师最终选择了包装材料硬纸筒作为灯具固定装置。"R16"灯具将可持续性作为设计关注的核心，力图将使用材料的数量降至最少。例如，产品不提供固定光源的零件，而是让使用者自行加入自己的铅笔或硬币进行固定，如图 6-21 所示。

设计中使用的硬纸筒预先经过激光切割，初期起到包装灯具的作用，随后仅需简单几步，便可转化为外形高雅的灯具组件。硬纸筒中包含所有必需的组件，运输时仅需在外层包裹一层牛皮纸即可，如图 6-22 所示。

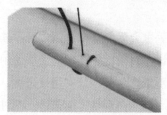

图 6-21 供使用者自行插入硬币的凹槽

图 6-22 在灯具外层包裹一层牛皮纸

七、京心京韵糕点节庆礼盒包装

"京心京韵"糕点是北京老字号特色传统小吃，以传统的点心、月饼为主要销售产品。"京味"是其主要卖点。现如今随着时代的发展、经济的繁荣，传统小吃不仅仅是人们的日常食用糕点，而且正在逐渐成为节庆、礼仪时人们的伴手礼。随着用途的多样化，消费者对于此类产品包装的要求也越来越多样。同时随着消费者审美水平的提高，人们已经日渐不满足于产品包装仅仅停留在最初的传统形式上。将传统的造型、特点与现在人们的审美水平相契合，延续与更新商标品牌，以达到保持该品牌市场占有率的目的，是设计师进行包装计的根本要求。

（一）市场调查与分析

该品牌属知名品牌，具有一定生产规模，目前正在逐步扩大其市场网点，此时更希望通过产品的包装设计，尤其是节庆礼盒的包装设计，使得本品牌商品尽快被更广泛的消费者认知。

设计前期主要针对产品在市场流通销售中的基本情况进行调查。由于在改革开放之前，地区与地区之间、国与国之间的联系较少，各个地区间的交流也较少，因此包括京味小吃在内的一些地方特色小吃被外地消费者接触的机会也相对较少，市场比较狭小；而改革开放后，各地区间的联系日益加大，地区特产在全国范围内的销售面积得到了大幅度的增加，再加上"北京特色"在中国人民心目中的位置，京味小吃仍将在今后的很长一段时间内占有很大的市场。该品牌以此为特色，在如今市场流通越来越灵活的背景下，具有很大的发展空间，尚处于市场导入期与成长期。由于该产品强调"京味"这一特色，所以在与其他同类小吃的比较中占据更高的特色地位与文化地位。特别是在中国讲究"礼"文化的背景下，京味小吃作为节庆伴手礼，不仅仅要有实用价值，其背后所蕴含的象征意义也至关重要。而该品牌两者，即美味与传统兼得，因此在市场上的定位为较高端的糕点礼盒，相应的售价也就相对偏高。

目前，该品牌的小吃在市场上的竞争对手主要为北京御食园、天津桂发祥等传统糕点和市场上的西式糕点。就前两者来讲，目前他们在市场上所使用的包装主要为造型、色彩、装饰纹样比较单一的方形纸盒包装，就实用性来讲，结实、利于携带是其最大的优势，且价格成本较低。但从美观性方面来讲，其过分片面地追求传统，即只在装饰纹样、花纹的设计上做表达，而忽略了盒形的结构，因此造成了包装单调、特点平淡的视觉效果，在观赏性方面较差，更没有收藏或再利用的价值。

同时设计前期还应对消费者的情况进行调查。该品牌的主要消费者为25～45岁的人群，且多为节庆、礼仪交往使用，该产品的购买者并没有明确的学历划分，即可为大众人群所接受。在购买途径调查中发现，随着网络的日渐普及，网络电商的规模日益扩大，使得消费者的购买途径也日益丰富，实体店购买与网上购买呈现出齐头并进的趋势。虽然购买途径各异，但消费者往往对产地的要求却比较一致：同一品牌，北京地区所生产的产品更容易被消费者接受与喜爱，销量往往更好。

消费者对包装的期望描述主要集中在这几点：①包装造型新颖、独特，颜色鲜亮、有食欲；②有强烈的视觉冲击力，地方特色突出，可以抓住消费者眼球，吸引消费者购买；③包装加入一些现代的成分但不失传统的感觉，使人有购买欲望并具有一定的美感。

（二）设计的定位与策划

市场调查显示，如今该类型的产品在市面上的包装不能充分吸引消费者的眼球，主要原因是包装盒型单一、呆板，形式千篇一律；其次是当下市场中该类型的产品在色彩的使用上较为固定，缺乏灵活性；最后是该类型的产品包装形式过于注重"传统"而与当今时代的审美有些脱节。

结合以上调查内容，对比本品牌与同类产品相区别的特色，可将本品牌的定位设为节庆、祝寿访友的中高档节庆礼品。因此在产品造型方面，第一，要以用途为设计出发点，即以"礼"为核心来进行设计思路的构建；第二，以产品的档次定位——中高档为基础，进行包括后期涉及的包装的造型设计、材质选择、制作工艺等工作；第三，要考虑产品的产地定位，由于本品牌属传统京味小吃，因此如何突出有现代感的"京味"与"传统"特色是本次设计的主要目标，即在此基础上跟进后期的一系列具体的设计和表现形式。

（三）设计的创意与表现

1. 产品包装的结构设计

从品牌的悠久历史与节日礼品的档次来进行直接的描述。以古代的食盒为包装的基本原型，初步构想出以下几个方案，如图6-23所示。最终经过比较与权衡，确定图 6-23（6）为包装盒形的最终方案。

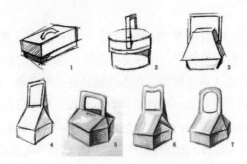

图 6-23　包装结构设计初步方案

2. 产品包装的标志设计

既为京味小吃，着重突出"京"的概念是给包装定下大的基调至关重要的一步，需要在其标志上做着重的突出，以下为初步设计的一些方案，如图 6-24 所示。经过比较与权衡，最终确定图 6-24（6）的方案为最终的包装标志。

图 6-24　标志设计初步方案

3. 产品包装的图案设计

以标志为中心，以中国传统剪纸艺术形式为基础，制作与标志相呼应的装饰花纹来烘托该包装的主题，图 6-25 所示为初步设计的一些方案。通过挑选比较，最终确定图 6-25（3）和图 6-25（6）为包装的主装饰纹样，二者搭配使用。

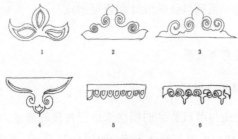

6-25　图案设计初步方案

4. 创意与表现

通过以上环节确定如下创意表现，见表 6-1。

表 6-1　创意表现计划表

分类	计划
表现重点	商标、产品、消费者、其他
表现角度描述	表现本品牌的悠久历史与节日礼品的档次
表现手法	直接表现、间接表现、纯装饰、其他
表现形式描述	以体现中国传统文化为主要表现形式

整体的表现效果总结：大包装以中国传统"提篮"为基本造型，小包装为六个大小等一的三角形，通过"以六合一"的形式组合与大包装盒型底部的六边形相契合，以表达"六六大顺"之意；整套包装以中国传统剪纸样式为基础装饰图形，再与现代审美里的"抽象"概念结合，在体现"京味"和"传统"主题的同时又体现一定的现代感，如图 6-26 所示。

图 6-26　效果图

（四）产品包装设计流程

将以上设计思路进行串联，形成产品包装设计制作流程。

1. 设计描述

① 结构设计：从品牌的悠久历史与节日礼品的档次来进行直接的描述，以古代的食盒为包装的基本原型。

② 标志设计：着重突出"京"的概念。

③ 图案设计：以标志为中心，以中国传统剪纸艺术形式为基础，制作与标志相呼应的装饰花纹来烘托该包装的主题。

2. 包装表现

① 包装表现效果草图，小包装如图 6-27 所示，大包装如图 6-28 所示。

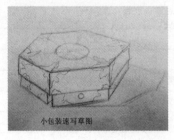

小包装速写草图　　　　　　　　　小包装色彩示意图

图 6-27　小包装

大包装速写草图　　　　　　　　　大包装色彩示意图

图 6-28　大包装

② 包装设计结构图，如图 6-29 所示。

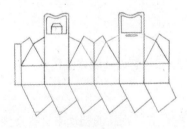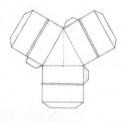

大包装结构图　　　　　　　　　**小包装结构图**

图 6-29　设计结构图

③ 京心京韵糕点节庆礼盒包装设计的多维展示效果，如图 6-30 和图 6-31 所示。

图 6-30　小包装展示效果图　　　　　图 6-31　大包装展示效果图

参考文献

[1] 凯瑟琳·M. 费舍尔. 完美包装设计：怎样通过平面设计为产品增值 [M]. 刘玉民，徐蓓蓓，译. 上海：上海人民美术出版社，2003.

[2] 爱德华·丹尼森，理查德·考索雷. 包装纸型设计 [M]. 沈慧，刘玉民，译. 上海：上海人民美术出版社，2003.

[3] 拉尔斯·G. 瓦伦廷. 包装沟通设计 [M]. 刘敏，刘乔，译. 北京：北京大学出版社，2013.

[4] 唐未兵. 中国包装产业的新方位 [M]. 北京：人民出版社，2018.

[5] 赵竞，尹章伟. 包装概论 [M].3 版. 北京：化学工业出版社，2018.

[6] 陈根. 包装设计从入门到精通 [M]. 北京：化学工业出版社，2018.

[7] 熊承霞. 包装设计 [M]. 武汉：武汉理工大学出版社，2018.

[8] 程蓉洁，尹燕，王巍. 包装设计 [M]. 北京：中国轻工业出版社，2018.

[9] 曾敏. 包装设计 [M]. 重庆：西南师范大学出版社，2017.

[10] 徐东. 绿色包装应用与案例 [M]. 北京：文化发展出版社，2018.

[11] 严晨，李一帆. 节约型包装设计 [M]. 北京：清华大学出版社，2018.

[12] 付志，苏毅荣，董绍超. 包装设计 [M]. 北京：清华大学出版社，2017.

[13] 张如画. 包装结构设计与制作 [M]. 北京：中国青年出版社，2017.

[14] 魏洁. 创意包装设计 [M]. 上海：上海人民美术出版社，2014.

[15] 刘兵兵. 个性化包装设计 [M]. 北京：化学工业出版社，2016.

[16] 金旭东. 包装设计 [M]. 北京：中国青年出版社，2012.

[17] 朱和平. 现代包装设计理论及应用研究 [M]. 北京：人民出版社，2008.

[18] 曾敏，杨启春. 包装设计 [M]. 重庆：重庆大学出版社，2014.

[19] 周建国. 包装设计 [M]. 北京：龙门书局，2014.

[20] 王安霞. 包装设计与制作 [M]. 北京：中国轻工业出版社，2013.

[21] 陈晓梦，时光，刘静.包装设计 [M].北京：航空工业出版社，2012.

[22] 陈晗，杨仁敏.包装设计 [M].重庆：重庆大学出版社，2012.

[23] 毛德宝，王蔚，陈晨.包装设计 [M].南京：东南大学出版社，2011.

[24] 张理.包装学 [M].北京：清华大学出版社，2010.

[25] 郭湘黔，王玥.包装设计 [M].北京：人民邮电出版社，2013.

[26] 陈磊.纸盒包装设计原理 [M].北京：人民美术出版社，2012.

[27] 杨仁敏.包装设计 [M].重庆：西南师范大学出版社，2002.

[28] 孙诚.包装结构设计 [M].北京：中国轻工业出版社，2003.

[29] 张小艺.纸品包装设计教程 [M].南昌：江西美术出版社，2005.

[30] 陈金明.功能包装纸型设计 [M].沈阳：辽宁科学技术出版社，2007.

[31] 杨宗魁.包装造型设计 [M].北京：中国青年出版社，2002.